图 4-4 图 4-21 图 4-31

图 5-14

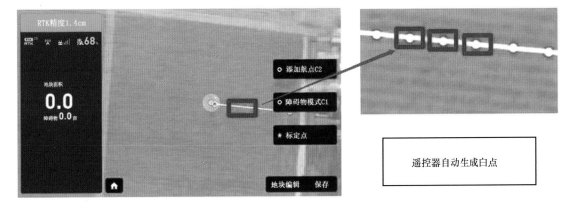

图 5-15

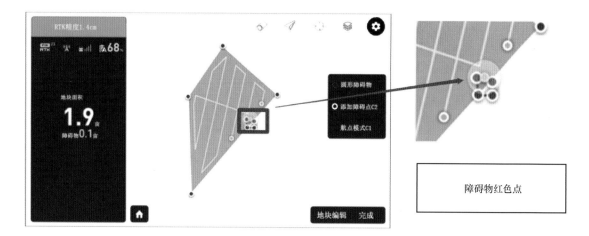

图 5-16

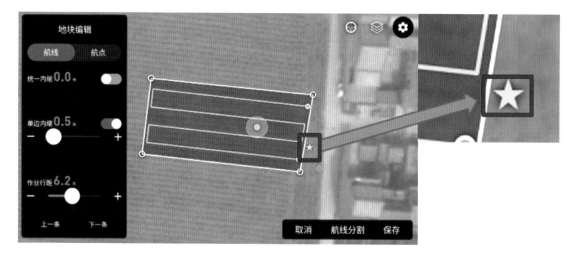

图 5-17

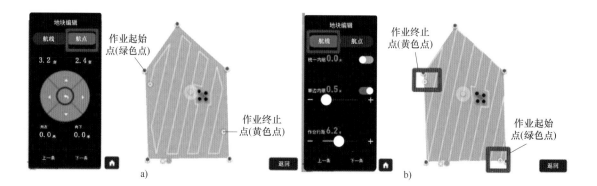

图 5-18

图 6-3

图 6-4

图 6-5

图 6-6

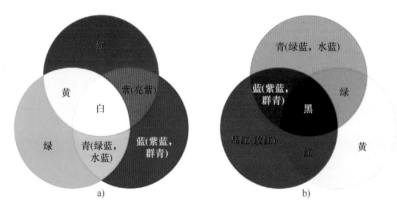

图 6-10

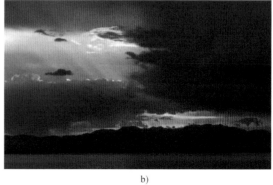

图 6-12

a)　　　　　　　　　　　b)　　　　　　　　　　　c)

图 6-14

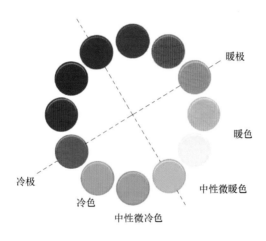

暖极

暖色

中性微暖色

冷极

冷色

中性微冷色

图 6-15

烛光　　　　　白炽灯　　　　　日出/日落　　　　正午阳光　　　　电子闪光灯　　　多云天空　　　晴天
1900K　　　　3000K　　　　　3500K　　　　　5600K　　　　　5600K　　　　　7000K　　　　7500K

图 6-16

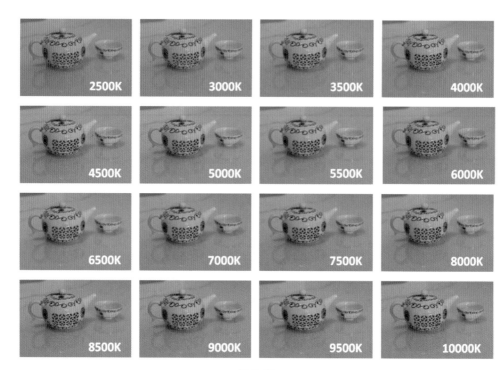

图 6-17

图 6-18

图 6-19

图 6-20

图 6-21

图 6-22

图 6-23

a)

b)

图 6-43

职业教育无人机应用技术专业系列教材

无人机行业应用典型项目教程

主　编　石　磊　冯　秀

参　编　余冠廷　王金鹏　范　荣　雲　喜

机械工业出版社

本书是职业教育无人机应用技术专业系列教材，是根据教育部新颁布的专业教学标准，同时参考相应的职业资格标准，以及企业对专业技术人员的技能要求编写的。

本书从实用性着手，系统而全面地针对无人机行业应用进行了介绍，主要内容包括规范使用无人机、无人机地面站操作实务、无人机低空摄像测量、架空输电线路无人机精细化巡检及缺陷识别、无人机农业植保应用、无人机影像航拍应用六个项目。

本书可作为职业院校无人机应用技术专业的教材，也可为本科及以上层次学生提供实践指导，还可作为企事业单位相关岗位的培训教材。

为便于教学，本书配有电子课件、教学视频等资源，选用本书作为教材的教师，可登录机械工业出版社教育服务网（www.cmpedu.com），注册后免费下载，咨询电话：010-88379375。

图书在版编目（CIP）数据

无人机行业应用典型项目教程/石磊，冯秀主编. —北京：机械工业出版社，2023.6（2025.2重印）
职业教育无人机应用技术专业系列教材
ISBN 978-7-111-73079-8

Ⅰ.①无… Ⅱ.①石… ②冯… Ⅲ.①无人驾驶飞机-职业教育-教材 Ⅳ.①V279

中国国家版本馆 CIP 数据核字（2023）第 074185 号

机械工业出版社（北京市百万庄大街 22 号 邮政编码 100037）
策划编辑：王莉娜 责任编辑：王莉娜
责任校对：丁梦卓 葛晓慧 封面设计：鞠 杨
责任印制：刘 媛
北京中科印刷有限公司印刷
2025 年 2 月第 1 版第 5 次印刷
184mm×260mm·15.75 印张·4 插页·379 千字
标准书号：ISBN 978-7-111-73079-8
定价：49.80 元

电话服务 网络服务
客服电话：010-88361066 机 工 官 网：www.cmpbook.com
010-88379833 机 工 官 博：weibo.com/cmp1952
010-68326294 金 书 网：www.golden-book.com
封底无防伪标均为盗版 机工教育服务网：www.cmpedu.com

PREFACE
前言

为了深入贯彻落实《国家职业教育改革实施方案》等文件精神，满足无人机产业迅速发展对职业院校专业和课程建设的需求，机械工业出版社于 2021 年 5 月 28—30 日在南京组织召开了无人机职业教育教学资源建设委员会 2021 年工作会议。在会上，来自全国无人机应用技术专业的骨干教师、企业专家研讨了新形势下，该专业课程体系以及教材和资源建设的原则、方法、内容等，本书编写团队汇报了本书的建设思路、建设情况及配套资源开发情况，与会专家针对本书及配套资源提出了不少宝贵的意见和建议。

编写团队根据教育部最新的教学改革要求，结合无人机应用技术专业人才培养目标和行业、企业用人单位需求，以及专业建设和课程改革实践成果，参考了相关专家的意见和建议，以培养技能应用型人才为目标，与企业合作，采用项目引导、任务驱动的形式编写了本书。

本书主要体现了以下特色。

1. 以无人机典型行业应用作为项目载体，将企业真实案例转化为教学任务，着重培养学生实际动手能力。

2. 每个项目都设置有学习目标，并细分为素养目标、知识目标和能力目标，从三个维度明确了学生要达到的目标和要求，任务评价环节不但考评学生的专业知识和专业能力，还对职业素养进行评价，坚决贯彻党的二十大精神，融"知识学习、技能提升、素养培育"于一体，严格落实立德树人根本任务。

3. 每个任务均按照"任务描述"→"任务实施"→"任务评价"→"任务拓展"→"知识链接"的任务驱动方式进行编写，以提高学生的综合职业能力。

4. 每个项目后附有形式多样的思考与练习题，帮助教师及时检验学生的学习情况。

5. 配套二维码链接的视频，可帮助学生更好地理解和掌握相关理论知识和实际操作过程。

6. 配置了文前彩插，将一部分主要图片以彩色呈现，帮助读者更好地理解相关内容，提升视觉体验。

本书由内蒙古电子信息职业技术学院石磊、南京科技职业学院冯秀任主编，南京羽飞电子科技有限公司余冠廷、内蒙古北方航空科技有限公司王金鹏，内蒙古电子信息职业技术学院范荣、雲喜参加了编写。全书由石磊负责统稿和定稿。本书具体编写分工如下：项目 1、项目 2 及附录由石磊编写；项目 3 任务 1 由冯秀编写，项目 3 任务 2 由石磊与王金鹏编写；项目 4 由余冠廷与冯秀编写；项目 5 由雲喜与石磊编写；项目 6 由范荣编写。本书在编写过程中得到了南京羽飞电子科技有限公司、内蒙古北方航空科技有限公司、深圳市大疆创新科技有限公司和大疆慧飞无人机应用技术培训中心专家的大力支持与指导，他们对本书的编写提供了很多有益的意见和建议，同时，在编写过程中，编者参阅了国内外颁布、出版的有关标准、教材、论文及资料，在此一并向相关作者及专家表示衷心的感谢。

由于编者水平、经验有限，书中不妥之处在所难免，恳请读者批评指正。

编　者

二维码索引

（续）

序号	名称	二维码	页码	序号	名称	二维码	页码
15	遥控器微调		159	21	遥控器失控保护		160
16	遥控器天线的使用		159	22	遥控器混控		160
17	遥控器通道		159	23	配置农药的注意事项		164
18	遥控器屏幕界面控制面板的操控方法		159	24	植保无人机的展开与检查		168
19	遥控器油门锁定		160	25	无人机运动镜头的种类		199
20	遥控器定时器的使用		160				

CONTENTS

目录

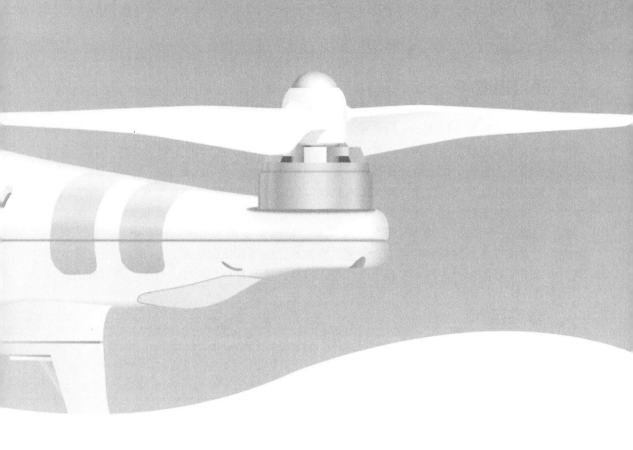

项目1
规范使用无人机

项目描述

无人机属于特种飞行作业专用设备，导致其飞行事故的安全隐患因素多且原因复杂，一旦发生危险极易造成严重后果。因此，贯彻"安全第一、预防为主"的安全理念，提升使用无人机的安全意识，促进操控标准化、管理精细化，确保使用者能够对无人机进行安全、正确、规范的调试及飞行作业，减少无人机相关的安全事故和意外伤害迫在眉睫。在无人机应用中，应通过正确、规范使用无人机的专项训练，要求无人机操控人员在工作中时刻保持"细心、耐心、责任心"，确保标准化、规范化、精细化使用无人机，在生产、娱乐、服务过程中，在保证飞行安全的前提下，快速、高效地完成飞行作业任务。

本项目主要围绕无人机的飞行安全、规范操控、精细管理等内容进行学习及训练。

学习目标

1. 素养目标
（1）具备遵纪守法、诚实守信的品德。
（2）具有力学笃行、耐心细致的工作态度。
（3）养成"安全第一、预防为主"的安全意识和绿色环保意识。

2. 知识目标
（1）了解无人机飞行证照的种类。
（2）掌握无人机的分类及飞行特性。
（3）掌握无人机空域申报方法，了解各地区空域申报流程。
（4）掌握无人机安全隐患及预防措施。
（5）掌握无人机标准操控流程。
（6）了解无人机日常管理方法。

3. 能力目标
（1）能通过简明的语言进行有效的人际沟通。
（2）能时刻保持安全第一的意识。
（3）能对飞行环境进行准确的判断和分析。
（4）能熟练进行无人机的准备、起降场的选择、发射与回收等操作。
（5）能对无人机进行有效管理。

任务1 无人机作业标准化操控

任务描述

本任务针对无人机的标准化操控进行训练，要求通过训练掌握无人机的准备、起降场的选择、无人机发射与回收等的标准化操作流程。

任务实施

一、作业前的准备

1. 飞行空域的确定

作业前，采用平面地图、卫星地图、地形图、等高线图等进行飞行环境分析。

1）使用飞行区域查询软件进行查询，选定飞行空域。如果存在禁飞区，须进行空域申请（见本项目任务 2）。

2）使用等高线地图及卫星地图确定高程信息和地面环境。若地形高程变化较大，需预判是否存在飞行路径与障碍物交汇的情况，待实地勘察后进一步确认。

3）抵达飞行现场进行实地勘察，识别作业区域范围，重点查看是否存在表 1-1 所列情况，并进行飞行风险预判，同时确定起降场地及备降场地，确保飞行安全。

表 1-1　无人机飞行常见风险区域

区域名称	区域实例
人群密集地	火车站、汽车站、大型集会或演出场地等
危险物品存放地	工厂、仓库、炼油厂、加油站、天然气站场等
干扰源	高压线、基站、发射塔等
障碍物	树木、楼房、高塔、烟囱、起伏的山丘等

如果在飞行的空间、时间上存在表 1-1 所述区域情况，根据规定，应禁止飞行或谨慎飞行。

2. 飞行前的准备

1）根据任务内容选择合适的设备（无人机及任务载荷）。

2）规划设计航线（在地面站确定航高及飞行速度、重叠度、任务、航拍架次、起降场地、备降场地等）。

3）设计飞行方案（确定飞行人员、往返行程、作业时间、应急预案等）。

3. 预判天气条件

天气因素直接影响飞行效果，因此在执行飞行任务之前一定要掌握当日天气变化趋势，并重点观察以下几点。

1）云层分布情况：最好选择在多云天气或者高亮度的阴天飞行。

2）光照度：光照度不足时应延长曝光时间，但长时间曝光会影响照片的清晰度，因此无人机执行航拍任务时为确保成像质量，应采用适宜的光照度。

3）风速、风向：地面四级风（风速 6m/s）及以下适宜飞行，且应逆风出、顺风回。

4）温度：0~40℃为适宜，温度过高或过低，都会影响电池的稳定性及任务载荷设备的精度。

4. 外场作业工具的准备

准备齐全外场作业工具，以应对因突发情况产生的维修问题。外场作业工具清单见表1-2。

表 1-2　外场作业工具清单

外场项目名称			
飞行地点			
飞行时间			
序号	类别	名称	确认打"√"
1	仪表	BB响测电器	
2		万用表	
3		温度计	
4		风速计	
5	螺钉旋具套装	十字螺钉旋具套装	
6		一字螺钉旋具套装	
7		米字螺钉旋具套装	
8		六角螺钉旋具套装	
9	钳、刀	尖嘴钳	
10		老虎钳	
11		斜口钳	
12		球形钳	
13		舵机端子钳	
14		剪刀	
15		刻刀	
16	粘接套装	魔术贴	
17		纤维胶带	
18		醋酸胶带	
19		大力胶带	
20		绝缘胶布	
21		树脂胶	
22		尼龙捆扎带	
23		泡沫胶	
24		便携式热熔胶枪	
25		胶枪电池	
26		胶棒	

（续）

序号	类别	名称	确认打"√"
27	焊接套装	便携式电烙铁	
28		烙铁电源	
29		焊丝	
30		助焊剂	
31	材料	舵机线	
32		舵机端子	
33		热缩管	
34		防风打火机	
35		螺钉螺母套装	
36	记录设备	飞行记录本	
37		碳素笔	
38		运动相机	
	其他设备		
	负责人		

二、无人机外业操作流程

1. 赶赴飞行地点

在确定天气状况、云层分布情况适合飞行后，根据任务要求带上适宜的无人机、任务载荷、弹射架、数传电台、计算机等相关设备赶赴起飞点。在起飞点可根据现场实际情况对前期制定的预案进行修改，并在地面站中及时进行相应修正。

2. 地面像控点布设与数据采集（航测专用）

1）像控点必须在测区范围内合理分布，通常在测区四周以及中间都要有像控点。要完成模型的重建至少要有 3 个像控点。$1km^2$ 内像控点的密度应满足测图比例尺的要求，并均匀分布。像控点不要选在太靠近测区边缘的位置。

2）地面像控点数据采集应与采集要求的坐标系统相对应。

3. 架设弹射架或铺设起降台

根据选择的无人机设备，进行弹射架或者起降台的设置。大型固定翼无人机为保证起飞平稳，需要架设弹射架，且需逆风架设。多旋翼及垂直起降固定翼无人机需要使用起降台，且要求周边及上方无障碍物，起飞平面平坦整洁，周边无小质量的杂物，如塑料袋等。

4. 建立数据通信链路

根据飞行需要，搭建通信链路，主要包括数传电台、地面站、RTK（定位系统）、图传等数据通信设备，并根据任务需要选择合适的天线。架设天线时要确保无遮挡，地面天线应对准无人机，无人机机载天线安装要稳固，数据线要可靠连接，各设备供电应充足、有备份，RTK 基站架设要稳固。

5. 起飞前通信设备与地面设备检查

起飞前进行检查，确保遥控器与无人机通信正常、无人机与地面站数传通信正常、图传信号正常且清晰稳定；SIM 卡安装正确，已完成网络诊断及 RTK 连接、PPK 系统的地面端及地面站正常。

6. 上传航线任务并检查

无人机采用自主航线飞行时，需要进行航线任务规划、上传和下载检查，完成相机设置，如色彩、分辨率、白平衡、快门速度、关闭畸变修正、拍照间隔设置等。

7. 电量检查

检查无人机及遥控器、地面站设备电池电量，确保电池处于满电状态。

8. 起飞前机体检查

起飞前要检查无人机机体是否牢固，各连接部件是否松动，螺旋桨是否松动或破裂，各结构及动力部件是否存在损伤，降落伞包是否处于待命状态等。

9. 起飞前校准

不同种类的无人机校准程序及所需的校准设备不同，但在距离上一次起飞地点超过200km的地点起飞，均须对无人机进行磁罗盘校准，以确保飞控正常。其他情况依据飞控说明书进行校准，如对首次飞行的无人机要进行姿态角度校准，某些无人机每次飞行前还需要对空速表及高度计进行校准。

10. 无人机发射设备检查

固定翼无人机放置在弹射架或跑道上发射，多旋翼或垂直起降固定翼无人机放置在起降平台上发射。采用弹射方式进行无人机发射的，安装时须检查无人机与弹射架连接是否正常，弹射架供电接线是否正确，电力是否充足。采用起降平台发射的，应检查平台是否稳固。

11. 地面手动飞行测试

地面手动飞行测试，即将飞行模式调至手动遥控飞行状态，测试各通道是否能按指令操作。无人机采用自主航线飞行时，手动飞行模式主要用于无人机起飞和降落，以及遭遇特殊情况时的应急处理。

12. 起飞前环境检查

起飞前通过检查确认无人机起飞方向与风向是否相对，并确保起飞前方的侧方无人员、车辆移动等。

13. 无人机起飞

各项准备工作完毕，无人机就可以起飞了，可响亮发布"起飞"口令并执行起飞程序。若无人机自主起飞，无人机操控人员应持操作杆待命，观察现场状况，根据需要随时手动调整无人机飞行姿态及高度。

14. 无人机工作状态监测

手动操控无人机飞行时，需要将遥控器天线发射面始终朝向无人机（飞行器），以获得最佳信号。发现无人机或设备电池电量不足时，可以手动结束任务，记录断点，更换电池后继续飞行。

无人机自主航线飞行时，无人机操控人员须目视无人机，时刻关注其飞行动态，地面站操控人员须留意地面站软件中显示的电池状况、飞行速度、飞行高度、信号强度、飞行姿态、航行轨迹、航线重合度、任务完成情况等，所有操控人员要做好随时应对突发状况的准备，确保飞行安全。

无人机自主航线飞行过程中重点监测以下三方面情况。

1）监测航高、航速和飞行轨迹。

2）监测发动机转速、空速和地速。

3）随时检查任务载荷的执行情况。

15. 无人机降落

无人机按预定要求执行完飞行任务后，在确保降落区域环境安全的前提下，手动操控的无人机，无人机操控人员在响亮发布"降落"口令后，执行降落程序；自主航线飞行的无人机，无人机操控人员应到达指定降落地点待命。无人机完成飞行任务后，根据规划设置，默认自动返航，无人机操控人员应时刻关注降落过程，及时应对突发情况。降落时应确保降落地点安全，避免路人靠近。在降落现场突发大风、人员走动等情况时，应及时调整降落地点。

16. 数据导出检查

完成无人机降落后，应检查无人机中的任务数据、飞控系统中的数据是否完整、准确。数据获取完成后，需对获取的影像进行现场快速质量检查，对不合格的内容进行补飞，直到获取的数据质量满足要求。

17. 设备整理

1）检查无人机及遥控器的剩余电量，收纳电池，填写好电池保养单。

2）将任务载荷设备收纳、整理好，按指定位置装箱，做好防潮、防振措施。

18. 记录日志

填好飞行记录单，记录当天作业情况，包括风速、风向、温度、起降坐标等信息，以备日后作为数据参考和进行分析总结。

无人机起飞前检查项目表见表1-3，电池维护保养单见表1-4，飞行记录单见表1-5，各项表单均可根据实际情况自行设计。

表1-3 无人机起飞前检查项目表

编号	类目	检查的项目	打"√"	编号	类目	检查的项目	打"√"
1	动力系统	多旋翼无人机电池的型号、插头与数量		4	动力系统	固定翼无人机电池的电压	
2		多旋翼无人机电池的电压		5		电池插头是否牢固	
3		固定翼无人机电池的型号与插头		6		吊臂与机翼的连接，螺钉是否拧紧	

（续）

编号	类目	检查的项目	打"√"	编号	类目	检查的项目	打"√"
7	动力系统	吊臂螺钉处贴魔术贴		38	地面站系统	在磁罗盘的检查中，将无人机机头朝向分别定在东、南、西、北，也就是90°、180°、270°、0°	
8		左、右机翼与机身是否贴合					
9		机翼与机身的连接螺钉是否拧紧		39		IMU（惯性测量单元）检查，抬头、低头、左滚	
10		机身与机翼的插线是否正确插好		40	拍摄系统	相机的电池电量	
11		提起无人机的重心位置，无人机是否处于平衡状态		41		相机的档位	
12		遥控器的型号		42		自动关机的时间	
13		遥控器的模型类别		43		对焦模式：MF	
14		遥控器的电量		44		是否有固定相机的镜头	
15		遥控器的初始档位		45		快门线	
16		遥控器能否正常起动		46		图像的质量设置	
17		【确认模式】对应地面站,遥控器的档位是否对应相应模式,切换是否正常		47		内存卡的容量	
				48		地面试拍	
18		【上电未解锁未上桨】多旋翼电动机的转向，单独输出信号测试		49		安装是否牢固	
19		【上电未解锁未上桨】固定翼电动机的转向，单独输出信号测试		50	空域环境	航线是否全程高于建筑物或山丘	
20	机体	平尾与机身的信号线接线		51		经过相关部门的批准	
21		平尾与机身的连接，螺钉是否拧紧		52		电磁环境	
22		平尾盖是否盖好不会掉		53	手动试飞	【断电上桨】多旋翼无人机的转向是否正确	
23		再次检查吊臂螺钉		54		【断电】每根桨的朝向是否正确	
24		机身与机翼的螺钉		55		【断电上桨】固定翼无人机桨的安装是否正确	
25		机身上部舱盖		56		固定翼无人机的动力是否充足	
26		机头盖		57		【固定翼增稳】增稳方向是否正确	
27	地面站系统	地面站电源					
28		电台的连接		58		【旋翼增稳】能否正常起飞,油门输出是否正常,在各方向是否能够操作	
29		定位信息是否正确					
30		卫星数					
31		数传信号强度		59		【旋翼定高】能否定高起飞,油门输出是否正常,在各方向是否能够操作	
32		"H"点的位置					
33		空速					
34		地速		60		【旋翼定点】能否定点起飞,油门输出是否正常,在各方向是否能够操作	
35		高度					
36		电压监测					
37		任务的上传和下载		61		重新上电,置于起飞点,准备起飞	

负责人签字：

表1-4　电池维护保养单

序号	主电源															相机电池				
	电池编号			标称电压		电池规格			起动时间		充电器型号					电池编号			电池规格	
	充电时间 年月日	开始时间	充电电压	结束时间	结束电压	放电时间 年月日	开始时间	放电电压	结束时间	结束电压	飞行放电 年月日	开始电压	总行程	结束电压	操作员签字	起动时间	开始时间	充电电量	标称电压 结束时间	结束电量
1																				
2																				
3																				
4																				
5																				
6																				
7																				
8																				
9																				
10																				
11																				
12																				
13																				
14																				
15																				
16																				
17																				
18																				
19																				
20																				
21																				
22																				
23																				
24																				
25																				
26																				
27																				
28																				
29																				
30																				
统计	充电累计					放电累计					飞行放电累计					充电累计				

表 1-5　飞行记录单

无人机飞行记录	机型	日期	地点	无人机操控人员	到场时间	离场时间	飞行时间/min	
	环境	气候	风速	温度	起飞电压	降落电压	架次	编号
	任务规划							
	飞行结果							
	备注					负责人		

任务评价

将学生完成任务的情况及评分填入表 1-6 中。

表 1-6　无人机作业标准化操控评价表

序号	内容	要求	分值	评价			得分
				学生自评	学生互评	教师评价	
1	职业素养	文明礼仪	5				
2		安全纪律	10				
3		行为习惯	5				
4		工作态度	5				
5		团队合作	5				
6	作业前准备	准备充分	15				
7		飞行方案	20				
8	外业操作流程	流程完整	20				
9		表单填写规范	15				
综合评价							

任务拓展

1）依托具体无人机类型完成"无人机起飞前检查项目表"的设计。

2）依托具体无人机类型完成"电池维护保养单"的设计。

3）依托具体无人机类型完成"飞行记录单"的设计。

一、无人机的准备

无人机是无人驾驶飞机（Unmanned Aerial Vehicle，UAV）的简称，是利用无线电遥控设备和自备的程序控制装置飞行的不载人飞行器。无人机可以全程自主完成复杂的空中飞行任务和各种负载任务，具有小巧灵活、成本低廉、易于"隐形"、使用便捷的特点，被广泛用于军事侦察、隐秘打击、电子对抗、中继通信、影视航拍、农林植保、航空测绘、管线巡检、气象探测、地物勘探等领域，可根据任务特点选择合适的无人机。

（1）多旋翼无人机的应用　从多旋翼无人机的应用领域来看，其已经由原来以微轻型无人机为主的娱乐功能向航拍、搜寻、物流、消防、巡测、交通运输等领域发展，市场空间拓展面广，如图1-1所示。

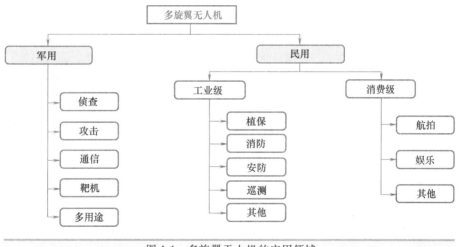

图1-1　多旋翼无人机的应用领域

下面按照功能罗列了一些多旋翼无人机的典型应用场景，但并不局限在以下方面。

1）娱乐功能。娱乐功能主要看重微轻型多旋翼无人机的飞行稳定性，技术上难度不大，且价格便宜。搭载摄像功能的多旋翼无人机可以说是"会飞的照相机"，对于整个行业的普及发展功不可没。

2）航拍功能。航拍功能要求多旋翼无人机具备足够的稳定性、续航能力和装载能力，目前已经基本得到满足，并由此促生了航拍产业。使用多旋翼无人机进行航拍，可以获得更多视角，同时成本也大大降低。

3）搜寻功能。搜寻功能要求多旋翼无人机能够识别目标并发回反馈，进行灾难预防时则要求多旋翼无人机能够处理地面数据，在技术上要求比较高，但是市场潜力很大。

4）物流功能。物流功能要求多旋翼无人机能安全、稳定地飞行，准确识别目标，并能应对各种突发情况，技术要求更高，但物流效率会得到极大提升，其市场空间很大。

5）消防功能。消防功能包括火情探查、现场监视、消防灭火、消防抢险、灾害救援等。其中高层建筑的消防灭火是世界性难题，使用多旋翼无人机可有效解决这个难题。

6）警用功能。多旋翼无人机可以携带摄像、红外传输及图像传输装置，于空中实施近距离实时监控，同时可以携带警用设备协助抓捕罪犯，以及处理反恐防暴、失踪人员搜寻、落水人员救生、群发突发事件监视、现场处理等工作。

7）植保功能。多旋翼无人机应用于农业植保，可为大面积农产品种植提供农药、化肥喷洒服务以及进行农作物生长情况监测与病虫害防治等作业。

8）巡测功能。多旋翼无人机可应用于电力部门的输电线路建设、巡查和维护，石油输油管路巡视监测和安全保护，森林护林防火巡视监测，海关与税收部门的非法走私监视，边防巡逻，海岸警卫的海面搜寻，海岸巡逻等。

9）交通运输功能。随着载人型多旋翼无人机的快速发展，可以预见，在不久的将来，载人型多旋翼无人机会像汽车一样普及，实现交通运输功能。

（2）固定翼无人机的应用 相较于多旋翼无人机，固定翼无人机具备载重大、航时长的特点，在电力巡线、森林防火、消防、安防领域的应用不断增多。下面按领域罗列了一些固定翼无人机的典型应用场景，但并不局限在以下方面。

1）军用领域。由于固定翼无人机具有较大的载重能力，飞行速度及姿态与军用飞机相仿，可实现远距离飞行，故固定翼无人机可作为侦察机或靶机等来使用。

2）电力巡线领域。固定翼无人机能提供更长的续航（1h以上），覆盖范围更广（20km以上），适用于在广袤的西北或者森林地区进行电力巡线，能够大大提高效率。

3）植保领域。固定翼无人机的任务载荷丰富，可为广袤的森林、牧场、农田喷洒农药，播撒草种等。

4）警用领域。通过远程控制，轻小型固定翼无人机可实时回传画面，用于侦察敌情。随着无人机环境侦测及自主三维重建技术的进步，固定翼无人机甚至能够做到信号屏蔽区的自主导航，对于减少警员伤亡、打击犯罪，有很大帮助。

5）遥感测绘。采用固定翼无人机进行遥感测绘效率高。无人机测绘遥感技术曾被运用到我国地质灾害应急测绘保障建设和国界线的测绘中。

6）森林消防。固定翼无人机搭载视频拍摄装置或者红外摄像头，可通过烟雾探测识别火源，从而大大降低森林巡防的成本。

二、正确选择起降场

使用无人机进行作业飞行时，起降场地的选择是非常重要的一个环节。无人机的炸机事故绝大多数发生在起飞和降落阶段，因此起降场地的正确选择是安全飞行的第一步。另外，在执行飞行任务时，应急备用起降场地的选择很容易被忽视。

1. 选择起降场地应遵循的原则

1）距离军用机场和商用机场10km以上。

2）起降场地平坦，视线良好。

3）远离人口密集区，如广场、集会地点等，在200m飞行半径范围内不能有高压线、高大建筑物和重要设施。

4）起降场地周围表面无明显突起、树桩和小水塘，尤其不能有小质量的杂物，如塑料袋等。

5）附近没有正在使用的雷达站、微波中继通信、无线通信等干扰源。

2. 选择备用起降场地

飞行过程中，需要设定合适的备用起降场地，以保证在出现一些特殊情况时，能够将无人机就近降落，避免产生重大损失。选择备用起降场地的原则如下：

1）场地尽量符合前述起降场地的要求。

2）远离密集人群和住宅区域。

3）尽量在测区内选择多处能够满足迫降要求的区域作为备用起降场地。

三、无人机发射与回收

在无人机的运用中，发射与回收阶段往往被认为是最困难、最关键的环节，其实现方法也是多种多样的。

1. 无人机的发射方法

无人机的发射方法有很多，在概念上有些十分简单，有些又十分复杂。其中许多发射概念源于各种大型飞行器的发射经验，另一些为小型无人飞行器所特有。

目前民用无人机常见的发射方式有垂直起落（Vertical Take-off Launcher）、手抛（Hand Launcher）、起落架滑跑（Wheeled Take-off Launcher）、发射架上发射或弹射（Catapult Launcher）、缆绳系留（Cable Tethered Launcher）和自动发射（Auto Launcher）等。军用无人机常见的发射方式有容器（箱式）内发射或弹射（Tube Launcher）、火箭助推（Booster Rocket Launcher）、起飞跑车滑跑（Running Launcher）和母机空中发射（Air Drop Launcher）等。

以下为无人机发射示例。

1）多旋翼无人机和垂直起降固定翼无人机的发射方式最为简单，对场地要求低，只需场地干净平整，周边无障碍物即可。对于沙地或者植被较多的场地，可以采用便携式起降停机坪辅助发射与回收，如图1-2所示。

2）固定翼无人机的发射方式较多，常见的较为简单的发射方式源于航模的手抛发射，如图1-3所示。这种方式便捷实用，但仅适用于重量相对较轻的飞行器。这类飞行器载重量小，动力适当。

图 1-2　便携式起降停机坪

图 1-3　手抛发射无人机

3）起落架滑跑为普通的轮式发射。此方式简便，但需要一块平整的场地，滑跑起飞过程中要准确控制无人机的航向，如图1-4所示。这种方式一般需要人工操控。

图1-4　滑跑起飞

4）有些无人机由于质量较大，且碍于起飞场地限制，需要通过导轨或轨道将无人机加速到起飞速度，可以采用弹射起飞方式。该方式的动力来源可以是橡皮筋、电动机、气体动力等，如图1-5所示。

图1-5　弹射起飞

5）起飞跑车滑跑发射是一种费用低廉而且实用的方法。它除了需要一块平整的场地外，还要将无人机及其配件装载在发射车顶上，通过车辆行驶使无人机获得起飞速度，如图1-6所示。

6）母机空中发射常见于军用无人机的发射，如图1-7所示。这些无人机通常都具有较高的失速参数，一般由涡轮喷气发动机提供动力。

7）有些无人机利用火箭助推发射，如图1-8所示。

图 1-6　起飞跑车滑跑发射

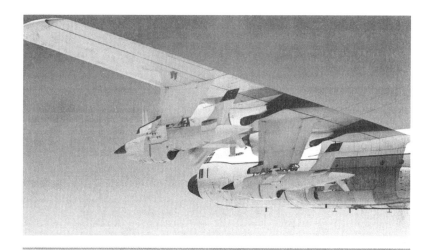

图 1-7　无人机母机空中发射

图 1-8　火箭助推发射

2. 无人机的回收方法

和发射一样，无人机的回收也有多种方法可选择。常见的回收方法有垂直起落回收（Vertical Landing Recovery）、起落架着陆回收（Wheeled Landing Recovery）、伞降回收（Parachute Recovery）、撞网回收（Net Recovery）、捕钩回收（Arresting Hook Recovery）、翼伞回收（Parafoil Recovery）、气袋或气垫回收（Airbag Recovery）、滑橇回收（Skid Recovery）、靠机身腹部或背部的结构擦地面回收（Body Landing Recovery）、迫降回收、飞机回收、火箭反向制动回收等。

以下为无人机回收示例。

1）垂直起落的最大的优势是无人机的起飞及降落不受场地环境的限制，垂直起落固定翼无人机就是结合了多旋翼无人机垂直起落及固定翼无人机的优势，通过多旋翼和固定翼模式的切换，既可满足大载重、长航时的需求，又可灵活起降，如图1-9所示。

图1-9　准备降落的垂直起落固定翼无人机

2）固定翼无人机最常用的回收方法是滑橇回收，例如跑道滑跑降落，如图1-10所示。要实施这种回收方法，无人机必须装有着陆用的轮胎或滑橇。

图1-10　跑道滑跑降落

3）在靶机和一些无人机上使用伞降回收系统（图 1-11）已有较长的历史。此种回收方式要求无人机具有足够的载重和容积，可为伞包提供舱位。

4）打捞式回收为无人机的回收提供了新的途径，如撞网回收或捕钩回收方式，如图 1-12 所示。

图 1-11　采用降落伞进行回收

图 1-12　捕钩回收无人机

任务 2　无人机飞行空域申报与解禁

任务描述

本任务针对空域申报及大疆系列无人机解禁方法进行专项训练。通过学习，学生可掌握准备飞行空域申报相关资料以及无人机飞行解禁的方法。

任务实施

一、空域申报

1. 明确提交空域申请材料的对象

若使用无人机进行航空摄影、遥感探物或商业飞行，需在相应战区的空军空管部门办理空域审批手续，再进行飞行规划等相关事宜。

2. 申请空域需准备的材料

某地区办理通用无人机飞行审批所需材料如下。

1）民用无人驾驶航空器经营许可证。

2）航空适航资质（涉及对地观测的，需要航测资质）。

3）人员执照（民航局颁发的、与飞行任务适配机型的飞行执照）。

4）任务委托书或合同，任务单位其他相关材料。

5）任务申请书，包括飞行单位、航空器型号、性能参数、架次、航空器注册地、呼号、机长和飞行员、机组人员国籍、主要人员名单、申请原因、申请事项、任务性质、作业时间、作业范围、起降点、飞行区域、空域进出点、预计飞行开始和结束时间、机载监视设备类型、联系人、联系方式等。

飞行报备

6）公司其他相关资质证明。

如任务性质涉及以下情况，需提供相关批准文件或许可证明。

① 外国航空器或外国人使用我国航空器，则需有中国人民解放军总参谋部批准文件。

② 航空摄影、遥感、物探，则需所属战区空军的对地成像审批手续。

③ 体育类飞行器，则需地市级以上体育部门的许可证明。

④ 大型群众性、空中广告宣传活动，则需当地公安机关的许可证明。

⑤ 无人机驾驶自由气球、系留气球，则需地市级以上气象部门的许可证明。

3. 航空任务审批及飞行计划处置的一般流程

1）获取飞行任务以及任务委托书。

2）提前7天携带相关文件、材料在任务执行所在地空军部队司令（航管）部办理审批手续。

3）携带相应文件材料在任务执行所在地民航监管局运输处、空管处办理相关手续。

4）携带获批复印件以及相应的文件材料在任务执行所在地民航空管分局管制运行部办理相关手续。

5）与任务执行所在地民航空管分局签订飞行管制保障协议（或召开飞行协调会）。

6）实施飞行日前一天15时前向任务执行所在地空管部门提交飞行计划，如不在机场管制范围内飞行，可直接向民航空管分局管制运行部区域管制室提交飞行计划。在实施飞行前1h提出飞行申请。

7）区域管制室向当地空军部队司令部航空管制中心提交飞行申请。

8）当地空军部队司令部航空管制中心给予调配意见。

二、无人机飞行解禁

下面以大疆系列无人机为例，讲解解禁申报流程。不同厂家的无人机接近方法不尽相同，具体可咨询相关企业，但是因为各种法律和安全问题，局部地区会有限高和禁止起飞的要求。例如：大疆 Mavic pro 无人机在杭州地区因机场原因被禁飞和限高。除此之外，还有不向社会公开的禁飞区，可通过大疆官网提供的限飞区查询工具进行查阅，如图 1-13 所示。

1）查询你要申请飞行区域的行政归属地，因为需要提供相关证明，须到当地公安机关、民航局等申请，民用无人机飞行活动申请审批表如图 1-14 所示。

2）确定好行政区域后，如实填写申请审批表，分为个人和单位申请两种类型，个人申请需要填写操作人的身份信息，单位申请需要提供单位相关意见并盖章。

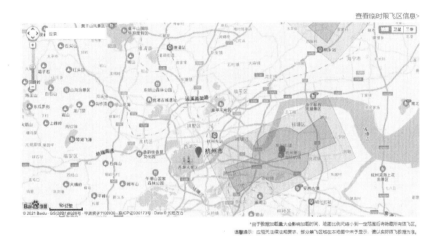

限飞区查询

图 1-13　大疆官网提供的限飞区查询界面

个人/单位信息：						
申请单位		联系电话		联系人		
承飞单位		联系电话		联系人		

DJI飞行器信息：				
序号	机型	飞控序列号		DJI账号
1				
2				
3				

解禁信息：							
解禁区域	纬度(WGS84)		解禁区域半径		飞行高度		
中心坐标	经度(WGS84)		飞行开始时间		年　月　日起		
解禁地址			飞行结束时间		年　月　日止		
解禁目的							

审批记录：		
申请单位 审核意见	承飞单位 审核意见 (如与申请单位 不同)	管理部门 审批意见 (公安/民航/军 航 等)
审核人： 联系电话：	审核人： 联系电话：	审核人： 座机电话：

图 1-14　民用无人机飞行活动申请审批表

小提示

　　个别区域有当地关于无人机管理的办法和系统，如图 1-15 所示，需要按照当地治安管理要求进行申请，图 1-16 所示的当地（某市）飞行报备表也是具有同等效力的。

图 1-15　当地无人机管理系统

某市低慢小航空器实名登记备案平台

民用无人机飞行报备表

备案单位 （个人）		联系人		联系电话			
		操作人员		联系电话			
无人机型号			产品SN			账号	
无人机型号			产品SN			账号	
无人机型号			产品SN			账号	
飞行目的				飞行坐标			
飞行半径				飞行高度			
飞行时间							
公安机关意见				盖章确认 （治安大队盖章有效）			

图 1-16　当地（某市）的飞行报备表

　　3）准备好上述材料后，登录网站的飞行解禁申请界面，填写信息，如图 1-17 所示。单击"解禁申请"按钮，使用大疆账号进行登录，如图 1-18 所示。

　　单击"添加解禁申请"按钮，如图 1-19 所示。

　　单击"解禁自定义区域"按钮添加解禁申请，如图 1-20 所示。

　　填写基本信息，如图 1-21 所示，需要提供关于飞行人员的信息，包括姓名、身份证明（如身份证、护照等）、飞行器序列号、DJI 用户账号、邮箱地址、通信地址、电话号码、单位名称等。

图 1-17　大疆提供的飞行解禁申请界面

图 1-18　大疆用户登录界面

图 1-19　"添加解禁申请"界面（一）

图 1-20　"添加解禁申请"界面（二）

基本信息

用户信息

身份: 个人用户

组织名称: customer

名:

姓:

手机号: +86

设备 不支持该解禁类型的设备, 不会显示在列表中　　　　　　　　　　　　　　　　　　　添加新设备

飞手　　　　　　　　　　　　　　　　　　　　　　　　　　　　　　　　　　　添加新飞手

飞行解禁

返回　　下一步

图 1-21　基本信息界面

设定解禁区域, 包括空域半径、飞行高度, 并上传相应部门的许可文件, 然后单击 "提交" 按钮, 如图 1-22 所示。其中, 允许在指定区域飞行的授权文件非常重要, 包括但不限于下列文件: 当地航空管理局签发的授权证书、操作执照或许可、与机场签订的协议; 或者申请飞行的机构所出具的工作证明、计划飞行位置信息, 包括申请的飞行区域的位置、高度和范围, 计划飞行的开始日期和结束日期、当地公安机关出具的许可文件; 法律法规要求的其他文件。

提交申请后, 等待审批结果即可。审批通过后, 会发送确认邮件, 许可下达给申请的无人机操作人员账号, 在大疆 DJI Go4 App 飞行界面中进行授权解禁。

在确保遥控器与无人机连接后, 进入相机图传界面, 点击 App 右上角进入 "通用设置"→"解禁证书" 界面, 如图 1-23 所示。

点击 "同步" 按钮, 如图 1-24a 所示, 解禁证书会显示在列表中, 选择对应的证书, 点击 "导入飞机" 按钮, 证书导入成功后, 即可在 "解禁证书列表" 的 "飞机" 界面中控制解禁功能开关, 如图 1-24b 所示。

将导入解禁证书的无人机放置于解禁区域内, 当 GNSS 卫星数量超过 10 颗以后, 依次点击 DJIGo4 App 上的 "通用设置"→"解禁证书列表"→"飞机" 按钮, 并打开解禁开关, 如图 1-25 所示, 在确认飞行资质及责任归属后, 解禁完毕。返回主界面, 将会看到一个绿色的区域, 就是解禁后的飞行区域。

🔍 **小提示**

当无人机离开解禁区域飞行时, 需要关闭解禁开关。

图 1-22　设定解禁区域及飞行许可文件上传界面

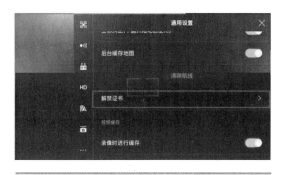

图 1-23　DJI Go4 App 解禁界面

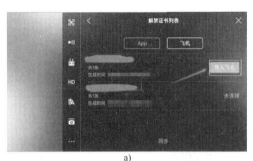

a)

b)

图 1-24 解禁证书的导入及解禁证书列表

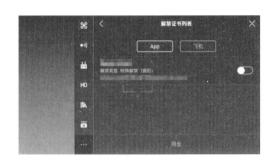

图 1-25 解禁开关的设置

任务评价

将学生完成任务的情况及评分填入表 1-7 中。

表 1-7 无人机飞行空域申报与解禁评价表

序号	内容	要求	分值	评价			得分
				学生自评	学生互评	教师评价	
1	职业素养	文明礼仪	5				
2		安全纪律	10				
3		行为习惯	5				
4		工作态度	5				
5		团队合作	5				
6	空域申报	整理好相关申报文件	20				
7		明确申报流程	15				
8	飞行解禁	在线提交解禁申请	20				
9		在解禁界面打开解禁开关	15				
综合评价							

任务拓展

1）模拟完成三个不同地区的空域申请。

2）模拟完成三个不同飞行任务的空域申请。

一、禁飞区

我国无人机常见禁飞区见表 1-8。

表 1-8 我国无人机常见禁飞区

禁飞区域名称	区域实例
机场	一般为机场跑道中线两侧各 10km、跑道端外各 20km 内的区域,各机场净空保护区需查阅具体资料
军政机构上空	如政府、军分区、武警、武装部等的上空
重点工程设施	如大型水库、水电站(三峡大坝)等
监管区域	如监狱、看守所、拘留所、戒毒所等

二、机场净空区

由于无人机在机场区域内的飞行高度比较低,因此必须对机场附近沿起降航线一定范围内的空域(即在跑道两端和两侧上空为无人机起飞爬升、降落下滑和目视盘旋需要所规定的空域)提出要求,也就是净空要求,以保证无人机在进行起飞和降落的低高度飞行时没有地面的障碍物来妨碍导航和飞行,这个区域称为机场净空区。机场净空区由升降带、端净空区和侧净空区三个部分组成,其范围和规格根据机场等级确定,具体可查阅相关资料。

三、大疆设定的特殊飞行区域

特殊飞行区域分为机场限飞区域和特殊禁飞区域。

1)机场限飞区域分为 A 类限制飞行区域和 B 类限制飞行区域,大型国际机场属于 A 类限制飞行区域,较小型机场属于 B 类限制飞行区域。

① A 类限制飞行区域(GPS 有效时)包括禁飞区和限高区。禁飞区为禁止飞行的区域,限高区为限制飞行器飞行高度的区域。以特殊地点为圆心,半径 8km 范围内为限制飞行区域。其中,半径 2.4km 范围内为禁飞区。在禁飞区内,飞行器不可飞行。当飞行器在限制飞行区域内、禁飞区外飞行时,飞行器的飞行高度将受到限制,限飞高度随着靠近禁飞区的距离由 120m 至 10.5m 呈线性递减。自由区与 A 类限制飞行区域之间设有 100m 的警示区,如图 1-26 所示。

② B 类限制飞行区域(GPS 有效时)包括禁飞区和警示区。以特殊地点为圆心,半径 1km 范围内为禁飞区。在禁飞区内,飞行器不可飞行。自由区与 B 类限制飞行区域之间设有 1km 的警示区,如图 1-27 所示。

2)特殊禁飞区域:重点城市及地区。

四、空域申请的一般流程

不同地区空域及飞行申请流程不尽相同,但申请材料及一般流程可参考以下内容。

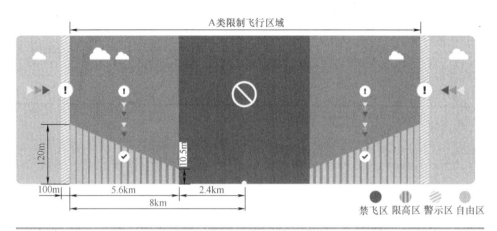

图 1-26　A 类限制飞行区域

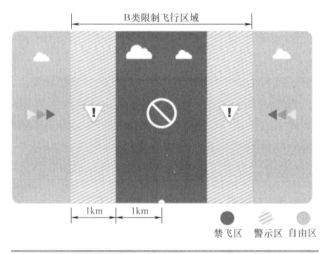

图 1-27　B 类限制飞行区域

1. 申请材料

1）飞行计划申请，内容包括单位、无人驾驶航空器型号、架数、使用的机场或临时起降点、任务性质、飞行区域、飞行高度、飞行日期、预计开始和结束时刻、现场保障人员联系方式。

2）飞行资质证明。

3）无人机操控人员资格证书。

4）任务委托合同。

5）任务单位其他相关材料，如被拍摄物体产权单位的拍摄许可。

6）空域申请书，内容包括申请原因、申请事项、委托方、航空器信息、飞行时间、飞行地点、任务性质。

7）公司相关资质证明。

2. 申报流程

（1）飞行申请　使用无人驾驶航空器进行航空摄影或遥感物探飞行时，应先在当地所属战区空军相关部门办理对地成像审批手续，再进行飞行计划申请，完成后续相关事宜。

在机场附近飞行，需携带申请材料中的1）、2）、3）向民航对应地区管理局提出申请，审批成功后到当地派出所备案；在机场以外区域飞行，需携带申请材料中的1）、2）、3）向当地所属战区军区提出申请，由军区出具《飞行任务申请审批》红头文件，任务单位负责人到属地派出所与民警面谈，在当地公安局提交申请材料中的4）、5），并于飞行前向派出所通报。

（2）空域申请　携带申请材料中的6）、7）到当地所属航空管理局申请空域。

项目总结思维导图

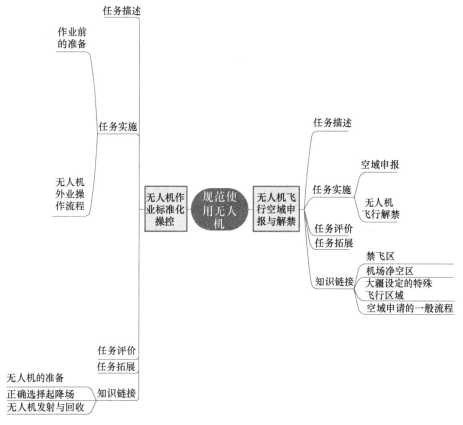

思考与练习

一、选择题

1. 使用飞行区域查询软件进行查询，在（　　）优先选定飞行空域。

A. 禁飞区　　　　　　　　　　　　B. 非禁飞区

C. 人员稀少区　　　　　　　　　　D. 安全区

2. 如（　　　），需根据规划的飞行轨迹分析预判是否存在飞行路径与障碍物存在交汇的情况。

A. 地形高程变化较大 　　　　　　　　B. 地形高程变化较小

C. 障碍物较多 　　　　　　　　　　　D. 障碍物较少

3. 如在飞行的空间、时间上存在（　　　）情况，须根据规定禁止飞行或谨慎飞行。

A. 人群密集地、危险物品存放地、有干扰源、有障碍物

B. 人群密集地、危险物品存放地、有干扰源、荒野空地

C. 危险物品存放地、有干扰源、有障碍物、山区

D. 危险物品存放地、有障碍物、荒野空地、山区

4. 为保证大型固定翼无人机起飞平稳，需要架设（　　　）。

A. 电台　　　　　B. 地面站　　　　　C. 弹射架　　　　　D. 起降区

5. 固定翼无人机弹射架需（　　　）架设。

A. 顺风　　　　　B. 逆风　　　　　C. 侧风　　　　　D. 无风

6. 根据飞行需要建立通信链路时，须根据任务需要选择合适的天线，架设天线时要确保（　　　）。

A. 天线尺寸足够大 　　　　　　　　B. 天线离地面站足够近

C. 天线离地面站足够远 　　　　　　D. 无遮挡

7. 不同种类无人机的校准程序及需校准的设备不同，但对于距离上一次起飞地点超过（　　　）的起飞地点，均需对无人机进行磁罗盘校准。

A. 200km　　　　B. 100km　　　　C. 50km　　　　D. 10km

8. 手动操控无人机飞行时，需要将（　　　）始终朝向无人机，以获得最佳的信号。

A. 遥控器天线发射面 　　　　　　　B. 遥控器天线尖端

C. 遥控器天线竖直放置 　　　　　　D. 遥控器天线水平放置

9. 若使用无人机进行航空摄影、遥感探物或商业飞行，（　　　）到相应战区的空军空管部门办理空域审批手续。

A. 需要 　　　　　　　　　　　　　B. 不需要

C. 目视内飞行不需要 　　　　　　　D. 超视距飞行不需要

10. 无人机在（　　　）区域不用申请即可飞行。

A. 机场　　　　B. 军政机构上空　　　　C. 荒野　　　　D. 重点工程设施附近

二、判断题

1. 如存在禁飞区，需通过"无人机飞行空域申报"系统进行空域申请。　　　（　　　）

2. 如地形高程变化较大，需根据规划的飞行轨迹分析预判是否存在飞行路径与障碍物存在交汇的情况。　　　　　　　　　　　　　　　　　　　　　　（　　　）

3. 使用无人机可以随时进行作业。　　　　　　　　　　　　　　　（　　　）

4. 起飞点一经确定，不可以进行修改。　　　　　　　　　　　　　（　　　）

5. 为保证起飞安全，所有固定翼无人机都需要逆风架设弹射架。　　（　　　）

6. 为保证飞行安全，无人机必须做好空速检查。　　　　　　　　　（　　　）

7. 手动操控无人机飞行时，遥控器天线发射面应始终朝向无人机，以获得最佳的信号。

（　　　）

8. 使用无人机作业追求的是便捷性，也就是想飞就飞。 （　　）

9. 无人机电池需要使用专用充电器进行充电，充电时必须有人值守。 （　　）

10. 个人拥有的无人机属于私人物品，不受管控。 （　　）

三、简答题

1. 如何确定无人机飞行空域？

2. 使用无人机进行飞行前应做哪些准备？

3. 如何架设弹射架或整理铺设起降台？

4. 建立数据通信链路包含哪些内容？有什么注意事项？

5. 申请空域需准备哪些材料？

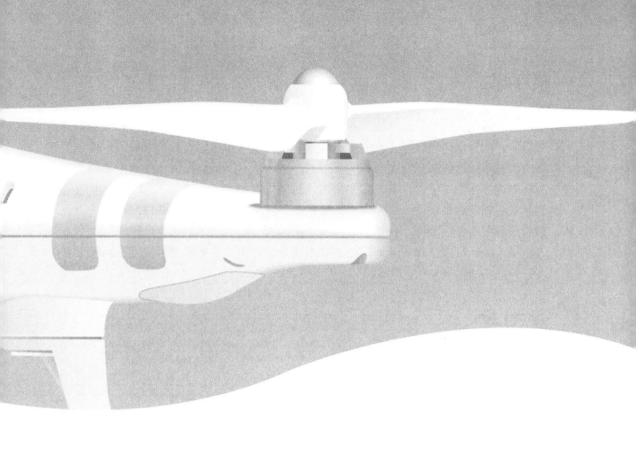

项目2
无人机地面站
操作实务

项目描述

在执行无人机飞行任务的过程中，无人机操控人员需要完成地面站架设，使地面站与无人机建立通信，并根据任务进行无人机的航线规划，在操控无人机飞行的过程中，无人机操控人员需要随时通过地面站掌握无人机的飞行状态。本任务主要针对无人机地面站的各项常用操作实务进行训练，使学生具备独立架设无人机地面站的能力，并且可以在6min内完成各种典型航线的基础规划设计，可依据现场实际条件以及无人机系统特性设定航线的方位以及修改航线参数中的各项数值，使学生可以依据要求独立完成航线的规划、检查与上传，并操控无人机进入随时可起飞状态。同时，通过本任务的训练，学生掌握的技能能够满足各类无人机关于地面站的考核要求。

学习目标

1. 素养目标

（1）热爱工作、吃苦耐劳。

（2）具有精益求精的劳动精神、敬业奉献精神。

（3）具有质量意识和安全意识。

2. 知识目标

（1）掌握地面站的架设方法及数据通信链路的测试方法。

（2）掌握地面站的操作方法。

（3）掌握多旋翼无人机八种典型航线的规划方法。

（4）掌握固定翼无人机四种典型航线的规划方法。

（5）掌握航线参数的修改方法。

（6）掌握无人机的飞行口令。

3. 能力目标

（1）能通过准确的语言表达进行有效的人际沟通。

（2）能熟练操控地面站进行航线规划。

（3）能依据操作规范，熟练使用相关设备、工具和调试软件，对地面站进行装配和调试，具有分析问题和解决问题的能力。

任务1　架设无人机地面站

任务描述

本任务将指导学生完成无人机地面站的架设，重点包含电源选择、场地选择、地面站与无人机之间数据通信链路的搭建及测试，以及执行起飞电子检查单。

任务实施

一、无人机地面站架设准备

无人机地面站主要由地面站计算机、供电电源、数传电台、数传天线等部件组成，个别应用场景还需要跟踪云台、无线图传等辅助设备。

1. 供电电源的选型

供电电源主要为地面站计算机、数传电台等用电设备供电。选择的供电电源应满足各类型用电设备的电压要求和功率要求，且接口匹配、备份冗余。可以选用电池包电源或者便携式燃油发电机，图 2-1a 所示为电池包电源、图 2-1b 所示为便携式燃油发电机。电源总接口做冗余，以使在应急情况下能够快速更换电源。

a) 电池包电源

b) 便携式燃油发电机

图 2-1　户外无人机电源

地面站的架设

2. 选择地面站架设场地

架设地面站的场地总体应满足视野开阔、地势平坦、周边无干扰源的要求，同时具有一定的阴凉。如自然环境无法满足，也可以临时使用汽车等设备搭建临时工作场所，如图 2-2 所示。

3. 架设电台

数传电台是无人机地面站的重要通信设备，其架设工作主要包括数传电台与计算机的连接、与天线的连接和与电源的连接三个部分。

1）数传电台与计算机的连接一般都使用 USB 或者 USB 转串口线，线材必须选用带屏蔽层的工业级线缆，如图 2-3 所示。

图 2-2　利用汽车搭建的无人机地面站场地

计算机与数传电台两侧的接口均需稳固连接。

2）天线的架设工作需要注意两点：一是馈线的连接，需要选用与天线匹配的馈线，不能随意增减长度，常见的馈线转换口如图 2-4 所示；二是天线的架设需要稳固，同时应利用三脚架、长杆、车顶、房顶等增加天线的高度，以避免遮挡，提高无线电信号的质量，如图 2-5 所示。

另外，数传电台本体需要做好降温，可以通过遮阳或者安装散热设备来降温。图 2-6 所示为带有风扇或散热片的数传电台。

图 2-3　工业级 USB 转串口线

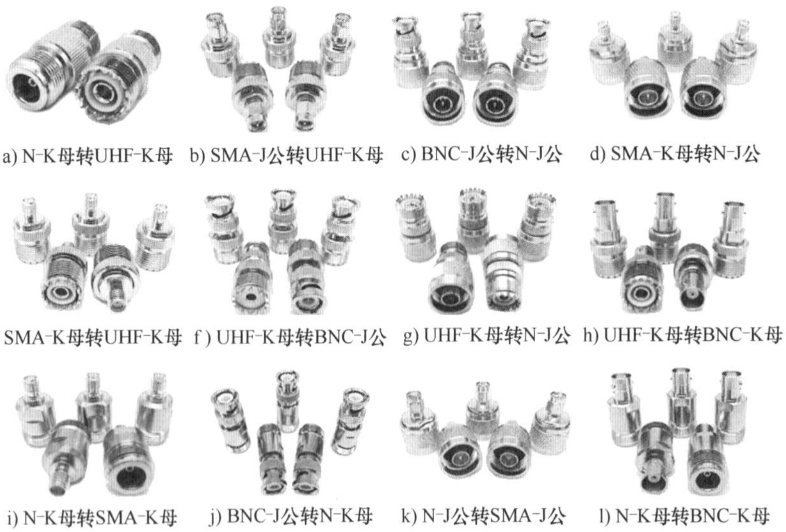

a) N-K母转UHF-K母　b) SMA-J公转UHF-K母　c) BNC-J公转N-J公　d) SMA-K母转N-J公

e) SMA-K母转UHF-K母　f) UHF-K母转BNC-J公　g) UHF-K母转N-J公　h) UHF-K母转BNC-K母

i) N-K母转SMA-K母　j) BNC-J公转N-K母　k) N-J公转SMA-J公　l) N-K母转BNC-K母

图 2-4　常见的馈线转换口

图 2-5 架高天线,避免遮挡及相互干扰

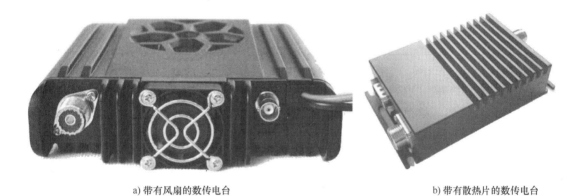

a) 带有风扇的数传电台　　　　　　　　b) 带有散热片的数传电台

图 2-6 带有风扇或散热片的数传电台

二、地面站与无人机进行数据通信测试

无人机数据通信链路是无人机系统的重要组成部分,是无人机与地面站联系的纽带。无人机数据通信链路按照传输方向可以分为上行链路和下行链路。如图 2-7 所示,上行链路主要完成地面站到无人机的遥控指令发送和接收,下行链路主要完成无人机到地面站的遥测数据(飞行状态)以及视频图像(使用图传电台实现)的发送和接收,并根据定位信息的传输,利用上、下行链路进行测距。数据通信链路性能的好坏直接影响无人机性能的优劣。

1. 数传电台选型

无人机数传电台是无人机数据通信链路的核心,是无人机飞控系统不可或缺的重要组成部分。无人机数传电台的正确选型是无人机项目成功的关键。

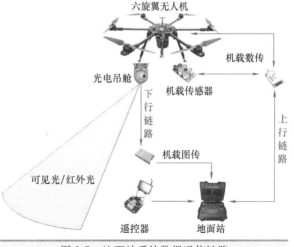

图 2-7 地面站系统数据通信链路

衡量无人机数传电台性能是否良好的几个特征如下：

1）体积小、重量轻、功耗低。

2）接线方便，便于使用。

3）具有跳频、扩频功能，抗干扰能力强。其跳频组合越多，抗干扰能力越强，一般的设备能做到几十、几百个跳频组合，性能优异的设备能做到六万个跳频组合。

4）具有存储转发功能。

5）具有数据加密功能，数据传输的可靠性高，可防止数据泄露。常见的加密方式有数据加密标准（DES）、高级加密标准（AES）等。

6）具有高速率。无人机数传电台属于窄带远距离传输范畴，其115200bit/s的数据传输速率即属于高速率。

7）具有高灵敏度、低功耗远距离传输、高速跳频扩频、可时分双工/全双工传输特点。由于无人机采用电池供电，而且传输距离又远，所以要求设备的功耗低（即低发射功率），接收灵敏度高（灵敏度越高，传输距离越远），一般以一定误码率下的接收灵敏度来衡量设备的接收性能。

8）认证齐全，具有 CE（欧洲统一）认证、FCC（美国联邦通信委员会）认证和 ETSI（欧洲电信标准化协会）认证等主流认证。

可根据任务要求来选择符合以上特征条件的数传电台。

2. 数据通信链路测试

（1）连接无人机 在各线缆连接正常并通电的情况下，在计算机中的地面站软件界面上选择当前数传电台使用的通信口，设置地面端与天空端的比特率一致，待无人机通电后，在地面站软件界面上单击，连接无人机，地面站如能正常显示无人机姿态变化、电压、高度、卫星数量、经度和纬度、地速、空速等各项飞行数据，则证明数据通信链路连接正常。地面站软件界面及视频叠加的 OSD 界面如图 2-8 所示。

图 2-8 地面站软件界面及视频叠加的 OSD 界面

在图 2-8 所示界面中，左上角显示的是一种组合式仪表，对不同的地面站参数，其布局略有不同。本任务以开源 Mission Planner 无人机地面站软件界面为例，其字母的含义如下。

A—偏航率；B—俯仰角；C—侧倾角；D—航向角；E—爬升率；F—数据连接信号（参考丢包率）；G—GNSS 时间；H—高度表；I—地平线；J—速度表；K—空速计；L—地速计；M—当前飞行模式；N—GNSS 定位信息。

在图 2-8 所示界面中，虚线框住的部分为视频叠加的 OSD 界面，OSD 是 On-Screen Display 的英文缩写，主要是将飞行数据信息直接叠加在图像上，无人机操控人员可直接了解飞行状态信息。不同的飞控，OSD 界面的布局略有差别，但基本内容相差不多。图 2-8 所示 OSD 界面各数字标识的含义如下。

1—飞行时间（mm：ss）。

2—飞行模式。常见的飞行模式有 MAN、STB、WPT、CIR、ALT 和 RTH 几种。

3—总航程。

4—航向角。以正北为 0°，正东、正南、正西分别为 90°、180°、270°。当无人机速度高于 5km/h 时，该读数来自 GNSS；当无人机速度低于 5km/h 时，该读数则由飞控的磁罗盘和 GNSS 共同决定。

5—GNSS 锁定的卫星数量。

6—RSSI，接收机信号场强指示。搭配有 RSSI 输出的接收机，可以了解当前遥控接收信号的强度。遥控接收机信号最好时，该数值显示为 100。

7—目标方位角。表示目标相对于无人机的方位角。该方位角为 0°，说明目标在无人机的正北方向。

8—目标高度。表示飞控目前正在试图到达的高度数值。

9—地速，单位为 km/h 或 mile/h（1mile＝1609.344m）。如果连接了空速传感器，一般会有两个读数，上方的读数表示空速，下方的读数表示地速。

10—当前油门。参考高度刻度尺的全长为 100%，可以判断当前油门的大小。如图 2-8 中的油门略低于 50%。

11—相对起飞点高度，单位为 m 或 ft（1ft＝0.3048m）。该读数来自于气压高度计。

12—爬升率。高度刻度尺左边的竖线，向上达到满刻度表示 4m/s 的爬升率，向下达到满刻度表示 4m/s 的下沉率。超过刻度量程的更大的数值，将会用数字的方式显示出来。

13—人工地平线。飞控根据姿态估算在屏幕上虚拟画出的地平线，便于参考飞行姿态。

14—无人机图标。保持在屏幕中央，模拟从无人机机尾看过去的角度。该图标结合人工地平线可以判断无人机的姿态。该图标在人工地平线上方，表明无人机是抬头姿态，反之则是低头姿态；该图标相对于人工地平线左倾，则说明无人机向左倾斜。

15—目标航向指示器，指向目标的方位。指示器在图 2-8 中接近 12 时位置，表示目标在无人机正前方；指向 9 时位置（左侧），则说明目标在无人机左方，对准目标需要左转 90°。

16—电池电压。通过传感器测得的电压数值，仪表指针指示电池电压的剩余比例。飞控会假设单节电池电压 4.2V 为满，3.7V 为空。

17—通过传感器测得的实时电流值。

18—消耗的电量，单位是 mA·h。

19—回家距离。

20—从上到下的数据分别表示海拔高度（ASL）、经度（LON）和纬度（LAT）。

（2）执行起飞电子检查单　地面站连接无人机后，应根据地面站配备的无人机起飞电子检查单流程，完成各项功能测试。各飞控厂家提供的测试流程不尽相同，一般包括姿态测试、飞控测试、执行部件测试、航线测试、载荷设备测试、空速检查（固定翼）等项目。在测试过程中应严格按照厂家的要求进行逐项测试，且应注意区分上行链路和下行链路的数据。当全部测试均通过后，数据通信链路的测试及无人机起飞验证即完成。某型号无人机起飞电子检查单的部分界面如图 2-9 所示。

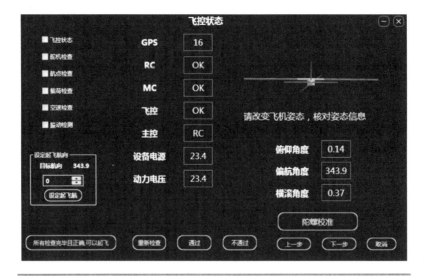

图 2-9　无人机起飞电子检查单部分界面

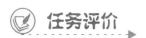 **任务评价**

将学生完成任务的情况及评分填入表 2-1 中。

表 2-1　架设无人机地面站评价表

序号	内容	要求	分值	评价			得分
				学生自评	学生互评	教师评价	
1		文明礼仪	5				
2		安全纪律	10				
3	职业素养	行为习惯	5				
4		工作态度	5				
5		团队合作	5				

（续）

序号	内容	要求	分值	评价			得分
				学生自评	学生互评	教师评价	
6	架设无人机地面站	地面站系统的连接	20				
7		天线的架设	20				
8		数据链路测试	15				
9		起飞电子检查单	15				
综合评价							

任务拓展

1）使用智能终端完成地面站的架设。

2）查阅并表述四种以上天线的使用方法及注意事项。

知识链接

一、无人机数据通信链路

无人机的数据通信链路分为两种：一种是上行链路，即从地面端到天空端，也就是从地面站到无人机；另一种是下行链路，即从天空端到地面端，也就是从无人机到地面站。遥控器工作在上行链路，图传工作在下行链路，数传工作在上行+下行双链路。其中，遥控器用于视距内任务，发送控制指令上行，常采用 2.4GHz 的频率，发射功率为 0.5W，有效距离在 1km 以内；图传用于超视距任务，发送图像信号下行，常采用 2.4GHz 或 5.8GHz 的频率，发射功率为 1W，有效距离一般全向天线为 2km、定向天线为 10km；数传用于超视距任务，发送控制指令上行+飞行参数下行，常采用 900MHz 的频率，发射功率为 1W，一般情况下的有效距离全向天线为 2km、定向天线为 10km 。

> **小提示**
>
> 遥控器频率有 2.4GHz、40MHz 和 72MHz；图传频率有 2.4GHz、5.8GHz 和 430～440MHz（开放频率）；数传频率有 433MHz（亚太地区）、868MHz（欧美地区）和 915MHz（我国）。

二、无人机数传电台

数传电台（Radio Modem）又称为无线数传电台、无线数传模块，是指借助 DSP（数字信号处理）技术和软件无线电技术实现的高性能专业数据传输电台，如图 2-10 和图 2-11 所示。

数传电台从最早的按键电码、电报、模拟电台加无线调制解调器（MODEM），发展到目前的数字电台和 DSP、软件无线电，传输信号也从代码、低速数据发展到高速数据，可以传输遥控遥测数据、动态图像等。无线数传电台是采用数字信号处理、数字调制解调，具有前向纠错、均衡软判决等功能的无线数据传输电台。区别于模拟调频电台加 MODEM 的模拟式数传电台，数字电台提供透明的 RS232 接口，传输速率可达 19.2kbit/s，收发转换时间小于 10ms，具有场强、温度、电压等指示，还有误码统计、状态报警、网络管理等功能。无线数传电台作为一种通信媒介，与光纤、微波、明线一样，有一定的适用范围。它提供某些特殊条件下专网中监控信号的实时、可靠的数据传输，具有成本低、安装维护方便、绕射能力强、组网结构灵活、覆盖范围远的特点，适合点多而分散、地理环境复杂的场合。

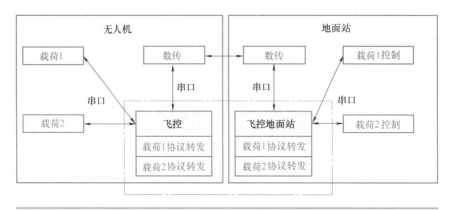

图 2-10　数传电台数据通信链路

a) 接收数传电台　　　　b) 发射数传电台

图 2-11　没有安装天线的数传电台

在甚高频/超高频（VHF/UHF）超短波无线通信领域，除了对讲机、车载电台、手机等早已为大众习以为常的无线通信终端产品外，还有一个相对而言比较专业、不为大部分人所知的特殊的通信设备，那就是超短波无线数传电台（以下简称数传电台）。顾名思义，数传电台就是用于数据传输的电台，其与常规的用于话音通信的电台的区别在于：数传电台主要的功能是利用现有的超短波无线信道实现远程数据传输，当然，很大一部分数传电台同时也保留了通话功能，可以数话兼容。由于一般被用于工业远程控制与测量系统，即常说的遥控遥测系统（或 SCADA 系统），使用环境可能会十分恶劣，因此对数传电台在技术指标及可靠性方面要求比对语音电台更严格。

1. DSP 和软件无线技术

DSP 技术即数字信号处理技术，是利用计算机或专用处理设备，以数字形式对信号进行采集、变换、滤波、估值、增强、压缩、识别等处理，以得到符合人们需求的信号形式。

软件无线技术是用现代化软件来操纵、控制传统的纯硬件电路的无线通信技术。

数传电台已经发展至全部采用数字处理技术，使得数字电台的控制精度更高，功耗大大降低。

2. 数传电台的原理

数传的基本原理是调制解调器通过无线方式工作，调制解调器没有拨号功能，但是其和无线电台直接相连接，无线电台的作用相当于中间媒介，使得无线电波可以顺利被发送和接收。

无线调制解调器可以将二进制信号调制成无线电波，在电台之间传输。调制解调器所接收的源信号以及目的信号决定信号转化过程的属性。

二进制信号以串行方式传至调制解调器，之后转化为音频信号，调制解调器将这些声音加载至无线电台上传输，接收端装有兼容调制解调器，可将接收的信号转化成二进制信号，然后传送给计算机。

无人机数传电台主要采用五项关键技术，分别是机体结构设计技术、机体材料技术、飞行控制技术、无线通信遥控技术、无线图像回传技术。这五项技术支撑着现代化智能型无人机的发展与改进。一个典型的无人机系统包括飞行器、一个地面控制站（Ground Control Station，GCS）、有效载荷及数据通信链路。地面控制站用于实现任务规划、链路控制、飞行控制、载荷控制、航迹显示、参数显示和影像显示，以及记录和分发等功能。

三、图传

无人机图传系统是采用适当的视频压缩技术、信号处理技术、信道编码技术及调制解调技术，将现场无人机搭载的摄像机拍摄到的视频以无线方式实时传送到远距离后方的一种无线电子传输设备，因此无人机图传系统也被称为无人机的"眼睛"，如图 2-12 所示。

图 2-12　无人机图传系统

无人机图传系统的质量度，区分开了消费级无人机与工业级无人机。无人机图传系统已经成为工业级无人机不可或缺的重要角色。与消费级无人机不同，工业级无人机承担行业特殊作业任务，但总的来说两者的共同特点是在绝大多数任务场合都需要在远离现场的情况下，实时、可靠地观察或获取现场图像及视频，而此时无人机图传系统就会显现它的重要作用。

一般按照设备类型来分，无人机图传系统可分为模拟图传系统和数字图传系统。由于数字图传系统所传输的视频质量和稳定性都远远好于模拟图传系统，所以在工业级应用中通常都采用数字图传系统。数字图传系统根据其所传输视频的每帧像素分辨率的不同又可细分为D1（720 像素×576 像素）、高清 720i/p（1280 像素×720 像素）和全高清 1080i/p（1920 像素×1080 像素）等级别。

目前市面上全高清图传的制式和分辨率主要有 1080i 和 1080p 两种，其常用帧率又可分为 25fps、30fps、50fps 和 60fps 四种，带宽也基本分为 4MHz、6MHz 和 8MHz 三种，实际码流速度则为 2~12Mbit/s，端到端的传输延迟也基本在 400~1200ms 范围内、1W 发射功率的有效传输距离从几百米到 20km 左右不等。

即使是全高清级别的图传系统，就其传输制式、带宽、帧率、实际码流速度、传输延迟、有效传输距离方面来说，也是有很大差别的。

需要说明的是，i/p（隔行/逐行）制式、帧率、图像实际码流速度、图传传输延迟及有效传输距离等指标不同，在观看回传视频或实际应用时，在图像画面细腻度、图像流畅度、图像大动态场景变化、图像色彩过渡、柔和度及环境适应性等方面的用户体验差别是非常大的。

消费级无人机图传系统和工业级无人机图传系统的主要区别在于系统的有效传输距离、系统的稳定性、系统的可靠性和系统的环境适应性等方面。工业级图传产品在这几个方面的指标远远高于消费级图传产品，因此工业级图传产品的设计思路、制造工艺和测试条件也是完全不同的。图传产品的发展趋势是高分辨率、高帧率和更远的传输距离。

四、天线

1. 天线的选型

1）各种类型的鞭状天线如图 2-13 所示，它们属于全向天线，辐射为苹果形方向图，2~6dBi（dBi 值越大，增益越高），安装方向与通信方向垂直，常用于遥控器和机载数传。

a) KYL-BAZ-KZ21S　　b) KYL-BAZ-KZ12S　　c) KYL-BAZ-WT11S　　d) KYL-BAZ-ZT10S　　e) KYL-BAZ-ZT9T

可折叠，21cm　　　　可折叠，12cm　　　　弯头，11cm　　　　直头，10cm　　　　TNC头，9cm

f) KYL-BAZ-KZ7S　　g) KYL-BAZ-WT5S　　h) KYL-BAZ-ZT5S　　i) KYL-BAZ-ZT3S

可折叠，7cm　　　弯头，5cm　　　直头，5cm　　　直头，3cm

图 2-13　各种类型的鞭状天线

2）各尺寸蘑菇头（图 2-14）、三叶草、四叶草天线，属于全向天线，辐射为柿子饼形方向图 5~10dBi，安装方向与通信方向垂直，常用于机载图传、地面图传。

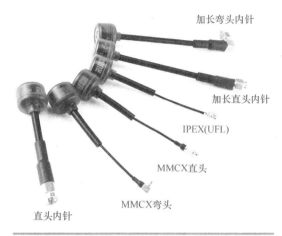

加长弯头内针

加长直头内针

IPEX(UFL)

MMCX直头

MMCX弯头

直头内针

图 2-14　采用不同接口端子的蘑菇天线

3）八木天线、平板天线和螺旋天线如图 2-15 所示，它们属于定向天线，辐射为 30°圆锥体形方向图，8~18dBi，安装方向与通信方向同向，常用于远距离地面图传及数传。

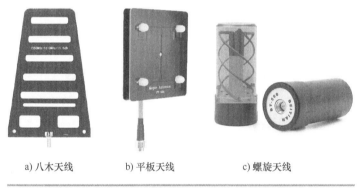

a) 八木天线　　　　b) 平板天线　　　　c) 螺旋天线

图 2-15　八木天线、平板天线和螺旋天线

4）抛物面天线（锅）如图 2-16 所示，属于定向小范围天线，辐射为手电筒光形方向图，20dBi 以上，安装方向与通信方向同向，常用于超远距离图传及数传。

图 2-16　抛物面天线

2. 常见的无人机端天线

无人机天空端的天线主要有 GNSS 天线和 WiFi 天线。

1）GNSS 天线接收定位信号，除了经度和纬度信号，还可以包含高度信号。它是通过多卫星信号之间的时差进行运算定位的，如果包含了高度信号，其必须要有足够的搜星能力。如果是用于测绘的无人机，定位要求更高，就可以采用多 GNSS 系统来增强定位精度。由于卫星都在天上，所以 GNSS 天线都是定向的，主瓣都指向天空，理想的辐射状态是半球形的，也就是说增益不能太高，不能变成探照灯，否则搜星数量会急剧减少。由于天线带宽很窄，体积又不能太大，故陶瓷天线就成了首选方案。陶瓷天线安装于无人机顶部，要避免上方有金属物遮挡。图 2-17 所示为一种 GNSS 陶瓷天线。

图 2-17　GNSS 陶瓷天线

2）WiFi 天线系统主要用于无人机和遥控器之间的信息传输。在无人机端，天线最好的辐射状态是球形的，这样在三维空间各个方向上的性能可基本一致。一般全向天线指的是水平截面为全向（360°内尽可能差别不大），比如常见的半波波长偶极子天线（理论水平全向增益为 2.1dBi）。实际上，全向天线水平面各个角度上的增益也不是一样的，一般有 1~2dB 的差异也算正常，这样就会导致无人机在同一位置上、在不同姿态下，图传质量有好有坏，比如前后效果好、左右效果差一点。图 2-18 所示为无人机天线与脚架结合的设计方案。

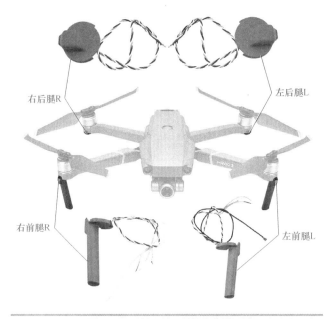

右后腿R　　左后腿L

右前腿R　　左前腿L

图 2-18　无人机天线与脚架结合的设计方案

在功率条件等同的情况下，高增益的优势体现在远距离传播，低增益的优势体现在大范围的应用；低增益带宽较宽，高增益带宽较窄。所以，天线增益不是越大越好，需根据实际场景进行选择。

五、跟踪云台

无人机在空中的位置和方位时刻变化，而当我们使用的数据接收机天线为定向天线时，需要时刻对准无人机才能捕获较强的无线电信号，单靠人工调整地面天线角度是不太可能的，因此可使用自动跟踪云台来实现自动根据无人机位置调整天线角度和方位的功能。跟踪云台设置了云台端定位模块和无人机端定位模块，对地面云台和无人机均可进行经度、纬度和速度的定位。云台端中央处理器模块可根据无人机的经度、纬度和速度，确定其相对于地面云台的方位、位置和速度，使云台带动天线时刻对准无人机。图 2-19 所示为一种常见的跟踪云台。

图 2-19　跟踪云台

六、常规飞行仪表

飞行中，无人机地面站和有人机操控台都是由六块最基本的仪表提供飞行数据，仪表的分布规则为两排，每排三块，上排为空速表、姿态仪、高度表，下排为转弯侧滑仪、航向仪、升降速度表。其中，空速表、姿态仪、高度表及航向仪为飞行必不可少的四块仪表，常被称作 BasicT，如图 2-20 中 T 所表示的部分。

图 2-20　一种典型分布的基本仪表（BasicT）

（1）空速表（Airspeed Indicator）　指示无人机相对于空气的速度，即指示空速的大小，单位为海里/小时（n mile/h）（Kt）。

（2）姿态仪（Attitude Indicator）　指示无人机滚转角（坡度）和俯仰角的大小，由固定的横杠或小无人机和活动的人工天地线背景组成，参照横杠与人工天地线的相对姿态，模拟了真实无人机与实际天地线的相对姿态。

（3）高度表（Altitude Indicator）　指示无人机相对于某一气压基准面的气压高度，单位为英尺（ft）。拨动气压旋钮可以选择基准面气压，基准面气压的单位通常为英寸汞柱（in-Hg）和毫巴（百帕）。当基准面气压设定为标准海平面气压 29.92inHg（1013.2HPa）时，高度表读数即为标准海压高度。

（4）转弯侧滑仪（Turn Coordinator） 指示无人机的转弯速率和侧滑状态，其中可以转动的小无人机用于指示转弯中的角速度大小和近似坡度，可以左右移动的小球用于指示无人机的侧滑状态。

（5）航向仪（Heading Indicator）或水平状态指示器（HIS） 指示无人机航向，由固定的航向指针和可以转动的表盘组成。HIS 为较高级别的仪表形式，它除了可以提供航向仪的所有功能外，还可用于甚高频全向信标 VOR 导航和仪表着陆系统（ILS）的使用。

（6）升降速度表（Vertical Speed Indicator） 指示无人机的垂直速度，单位为英尺/分钟（ft/min）。

BasicT 的相对位置是固定的，转弯侧滑仪可以集合到姿态仪中，升降速度表可以集合到高度表中。目前普遍采用多功能组合型仪表综合显示飞行数据，如图 2-21 所示，它将以前需要多块仪表才能提供的信息显示在单块仪表上。

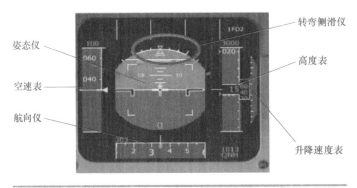

图 2-21　一种典型的组合型仪表

任务 2　航线规划

🔆 任务描述 ▶

无人机航线规划是使用无人机进行自主作业非常重要的环节，不同的应用场景要求也不尽相同，但航线的基本绘制方法大同小异。通过本任务，学生能够在 6min 内完成无人机航线设计，并在实际飞行操控训练环节中操控无人机按照规划的航线执行飞行任务。

🤖 任务实施 ▶

本任务将对多旋翼无人机的八种常规航线、固定翼无人机的四种常规航线进行绘制，每种航线绘制为一个独立的任务单元。

一、多旋翼无人机航线规划

1. 规划等边三角形航线

1）航线规划要求：如图2-22所示，于起飞点前规划一个等边三角形并循环执行5圈；等边三角形航线边长为40m，航点①相对地面的高度为25m，航点②相对地面的高度为30m，航点③相对地面的高度为35m；水平速度为3m/s，垂直速度为1m/s；转弯方式为航点①定点转弯，航点②协调转弯，航点③停留时间5s；航线①→②为ES方向，起飞点距离航点②10m，与航线①→②的夹角为逆时针方向15°。

2）实际飞行要求：在航点③后的合适位置添加航点④，使所有航线相对地面的高度均为30m。

2. 规划直角三角形航线

1）航线规划要求：如图2-23所示，起飞点距离航点②15m，与①→②航线的夹角为顺时针方向30°；规划一个直角三角形并循环执行4圈，①②边长为30m，③①边长为40m，∠①为直角，航点①相对地面的高度为25m，航点②相对地面的高度为30m，航点③相对地面的高度为35m；水平速度为3m/s，垂直速度为1m/s；转弯方式为航点①协调转弯，航点②停留时间5s，航点③定点转弯；航线②→③为S方向。

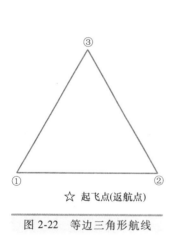

图2-22　等边三角形航线

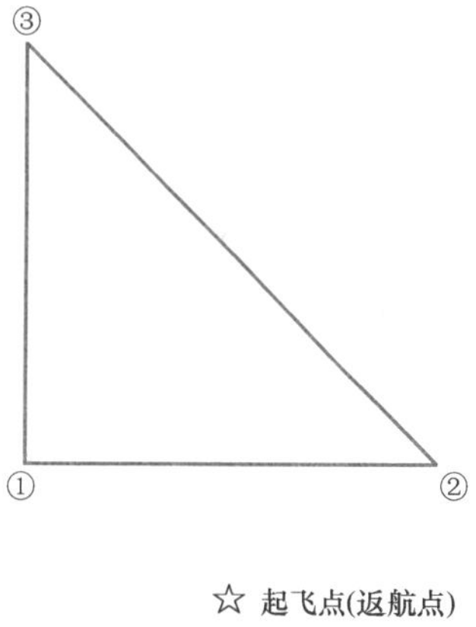

☆ 起飞点(返航点)

图2-23　直角三角形航线

☆ 起飞点(返航点)

2）实际飞行要求：在航点②后的合适位置添加一个航点，新航点相对地面的高度为35m，循环圈数改为无限。

3. 规划六边形航线

1）航线规划要求：如图2-24所示，起飞点距离航点⑥12m，位于航点⑥的S方向；规划一个正六边形并循环执行2圈，①②边长为30m，③①边长为35m，航点①、②、③相对地面的高度为25m；航点④、⑤、⑥相对地面的高度为30m；水平速度为2m/s，垂直速度为1m/s；转弯方式为航点①、⑤协调转弯，航点②、④停留时间2s，航点③、⑥定点转弯；航线②→③为EN方向。

2）实际飞行要求：删除航点⑤，起飞点位置不变，航线②→③改为E方向。

4. 规划扫描航线

1）航线规划要求：如图 2-25 所示，起飞点距离航点①15m，位于航点①的正 N 方向，经度为 111.847715°，纬度为 40°53′43.08″；规划一个扫描航线并执行 1 圈，航线长度为 30m，间隔 10m，航点①、②、③、④相对地面的高度为 25m，航点⑤、⑥相对地面的高度为 30m，其余航点相对地面的高度为 35m；水平速度为 3m/s，垂直速度为 1m/s；转弯方式为所有航点定点转弯；航线①→②为 WS 方向。

2）实际飞行要求：更改为封闭航线，循环执行 5 圈。

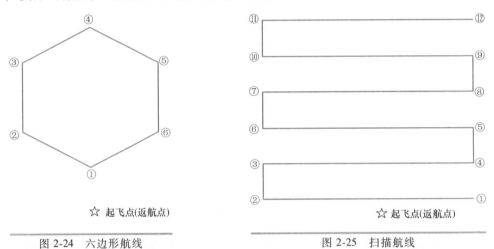

图 2-24　六边形航线　　　　　　　　图 2-25　扫描航线

5. 规划五边内切航线

1）航线规划要求：如图 2-26 所示，起飞点距离航点⑤15m，位于航点⑤的 W 偏 N 30°方向，经度为 111°40′23.44″，纬度为 40.809174°；规划一个五边内切航线并执行 5 圈，①②边及②③边的边长为 30m，∠①＝∠②＝90°，∠④＝120°，航点①、②、③相对地面的高度为 30m，航点④、⑤相对地面的高度为 35m；水平速度为 3m/s，垂直速度为 1m/s；转弯方式为所有航点定点转弯；航线③→④为正 W 方向。

2）实际飞行要求：水平速度更改为 2m/s，按照指令立即执行航点⑤，到航点⑤后返航。

6. 规划梯形航线

1）航线规划要求：如图 2-27 所示，起飞点距离航线①→②的中点正 S 方向 15m，经度为 111°48′42.4404″，纬度为 40°39.01′0.9″；规划一个梯形航线并循环执行 5 圈，①②边、②③边边长均为 20m，③④边边长为 30m，∠②＝∠③＝90°，航线相对地面的高度为 30m；水平速度为 3m/s，垂直速度为 1m/s；转弯方式为所有航点定点转弯，航点③、④停留时间 5s；航线③→④为 WS 方向。

2）实际飞行要求：修改航点④相对地面的高度为 40m，到航点④环绕 5 圈。

7. 规划四边交叉航线

1）航线规划要求：如图 2-28 所示，起飞点距离航点①正 S 方向 15m，航点①的经度为 111°48.62′42″，纬度为 40°39′1″；规划一个四边交叉航线并循环执行 5 圈，各边边长不小于 20m，∠①＝45°，航点①相对地面的高度为 20m，航点②相对地面的高度为 25m，航点③相对地面的高度为 30m，航点④相对地面的高度为 25m；水平速度为 2m/s，垂直速度为 1m/s；

转弯方式为所有航点协调转弯；航线③→④为正 N 方向。

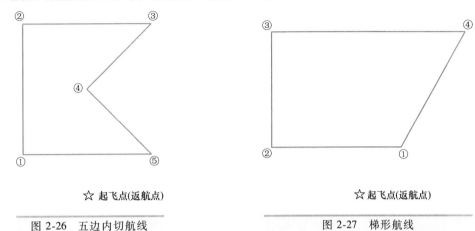

☆ 起飞点(返航点)

图 2-26　五边内切航线

☆ 起飞点(返航点)

图 2-27　梯形航线

2）实际飞行要求：修改航点④相对地面的高度为 40m，航线③→④轨迹为斜坡。

8. 规划圆形航线

1）航线规划要求：如图 2-29 所示，起飞点距离圆形航线中心点正 S 方向 30m，于起飞点前规划一个闭合圆形航线并循环执行无限圈，航点数 ≥10 个，圆的直径为 30m，航线相对地面的高度为 25m；水平速度为 2m/s，垂直速度为 1m/s；转弯方式为所有航点协调转弯，航点逆时针方向排序。

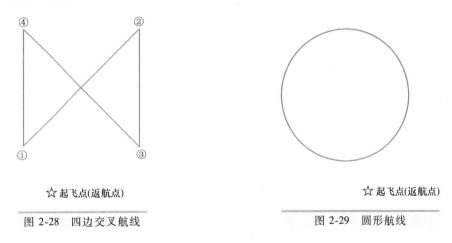

☆ 起飞点(返航点)

图 2-28　四边交叉航线

☆ 起飞点(返航点)

图 2-29　圆形航线

2）实际飞行要求：将航点修改为顺时针方向排序。

二、固定翼无人机航线规划

1. 规划等距扫描航线

1）航线规划要求：如图 2-30 所示，起飞点距离航点①15m，位于航点①的 N 偏 E 30°方向，经度为 111.8576°，纬度为 40°52′44.2″；规划一个等距扫描航线并执行 1 圈，航线长度为 200m，航线间隔为 80m，航线相对地面的高度为 150m；转弯方式为协调转弯；航线①→②为 EN 方向。

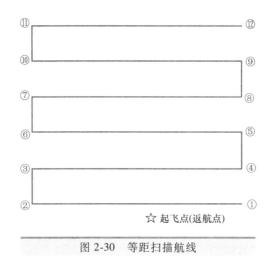

☆ 起飞点(返航点)

图 2-30　等距扫描航线

2）实际飞行要求：更改航线为封闭航线，循环执行 5 圈。

2. 规划 8 字交叉航线

1）航线规划要求：如图 2-31 所示，起飞点距离航点①15m，位于航点①的 N 偏 E 30°方向，航点①的经度为 111.8265°，纬度为 40.8314°；在起飞点前规划一个闭合水平 8 字交叉航线并循环执行，①②边、②③边、③④边、④⑤边、⑤⑥边、⑥⑦边、⑦⑧边边长均为 200m，航线相对地面的高度为 150m；转弯方式为协调转弯；航线①→②为 ES 方向。

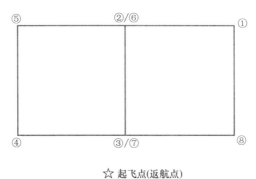

☆ 起飞点(返航点)

图 2-31　8 字交叉航线

2）实际飞行要求：航点逆序，飞行高度修改为 180m。

3. 规划不等边扫描航线

1）航线规划要求：如图 2-32 所示，起飞点距离航点①15m，位于航点①的 N 偏 E 30°方向，经度为 111.8576°，纬度为 40°52′44.2″；于起飞点前规划扫描航线，航线①→②、③→④、⑨→⑩、⑪→⑫长度为 200m，航线⑤→⑥、⑦→⑧长度为 120m，航线间隔为 80m，航线相对地面的高度为 150m；转弯方式为协调转弯；航线⑤→⑥为 WS 方向。

2）实际飞行要求：删除航点④，在合适的时机飞往航点⑩。

4. 规划四边缺角航线

1）航线规划要求：如图 2-33 所示，起飞点距离航点①15m，位于航点①的 N 偏 E 30°

方向，经度为 111.8576°，纬度为 40°52′44.2″；于起飞点前规划一个五边形航线并循环执行，①②边边长为 150m，②③边边长为 50m，③④边边长为 90m，④⑤边边长为 75m，⑤①边边长为 100m，∠① = ∠⑤ = 90°，航线相对地面的高度为 120m；转弯方式为协调转弯；航线④→⑤为 WS 方向。

2）实际飞行要求：在航点③后增加一个航点，在合适的时机飞往该航点。

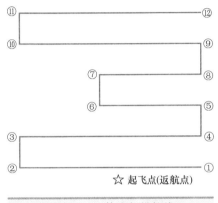

图 2-32　不等边扫描航线

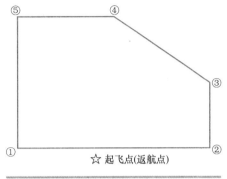

图 2-33　四边缺角航线

三、实际飞行操控训练

在地面站完成航线规划后，将航线上传至无人机实施实际飞行训练，在飞行训练中要执行如下应急操作。

1）在操作时间限制内修改航线并执行修改后的航线。

2）在操作时间限制内执行地面站应急返航操作。

3）在操作时间限制内模拟位置信息丢失、姿态模式应急返航操作。

任务评价

将学生完成任务的情况及评分填入表 2-2 中。

表 2-2　航线规划评价表

序号	内容	要求	分值	评价			得分
				学生自评	学生互评	教师评价	
1	职业素养	文明礼仪	5				
2		安全纪律	10				
3		行为习惯	5				
4		工作态度	5				
5		团队合作	5				
6	航线规划	多旋翼无人机航线规划	25				
7		固定翼无人机航线规划	25				
8		实飞训练及应急处理	20				
综合评价							

 **任务拓展**

更换航线规划要求，并在 6min 内完成任意航线的规划，不允许存在任何失误。

知识链接

一、方位

如图 2-34 所示，东标识为 E，南标识为 S，西标识为 W，北标识为 N；点①在点 O 的北偏东 30°（N 偏 E 30°），点②在点 O 的西南方向（WS 方向），点③在点 O 的南偏东 60°（S 偏 E 60°）。

方向角：指北或指南的方向线与目标线所成的小于 90° 的水平角，称为方向角。

航向角：正北 0°（N）、东北 45°（EN）、正东 90°（E）、东南 135°（ES）、正南 180°（S）、西南 225°（WS）、正西 270°（W）、西北 315°（WN），度数为顺时针方向增加，旋转一周为 360°。

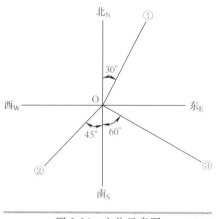

图 2-34 方位示意图

二、转弯方式

1）定点转弯：也称为停止转弯，即旋翼在悬停状态下转弯，会精确通过每个 GNSS 位置点，在每个位置点会减速、悬停、停留，停留的时间可以设置。

2）协调转弯：飞行速度、油门基本不变，旋翼会偏离 GNSS 位置点，可能会出现在航线拐弯的外侧。

3）自适应协调转弯：飞行速度、油门会随航线转弯而变化，旋翼会偏离 GNSS 位置点，但不会出现在航线拐弯的外侧。

4）固定翼无人机只使用协调转弯方式。

三、经纬度换算

地球上任何一个固定的点都可以用确定的经纬度来表示，一般从 GNSS 得到的数据就是经纬度。

1. 经纬度的表示方法

1）ddd. ddddd，"度. 度"的十进制小数部分（取五位），例如：31.12035°。

2）ddd. mm. mmm，"度. 分. 分"的十进制小数部分（取三位），例如 31°10.335′。

3) ddd. mm. ss, "度. 分. 秒", 例如 31°12′42″。

2. 经纬度的坐标转换方法

经纬度为 60 进制数据, 因此转换过程中以 60 为计算常数。

(1) 经纬度转换成十进制, 除以 60

例如: 57°55′56.6″经简单换算可得 57+55/60+56.6/60/60 = 57.9323888888888;

结果得到: 57°55′56.6″ = 57.9324°（取四位小数）。

(2) 十进制转换成经纬度, 乘以 60

例如: 将 105.955833°转换成经纬度的方法如下:

1) 取度: 105;

2) 取分: 0.955833×60 = 57.34998, 取整数, 得到分为 57;

3) 取秒: 0.34998×60 = 20.9988, 按位数取秒为 20.99。

结果得到: 105.955833° = 105°57′20.999″（取三位小数）。

四、无人机外场飞行学员口令

操控无人机进行外场飞行的过程中, 正确使用口令能够有效与现场人员进行沟通, 确保飞行安全。无人机外场飞行为常用口令如下。

1. 多旋翼无人机飞行口令

(1) 请求起飞

(2) 定点自旋

(3) 请求降落

2. 固定翼无人机飞行口令

(1) 请求起飞

(2) 四边飞行

(3) 8 字切入、8 字改出

(4) 模拟发动机失效

(5) 请求降落

3. 各类无人机飞行中的重点口令

(1) 电压×××V

(2) 航时×××

(3) 高度×××m

(4) 航向×××°

(5) 风向×××°

(6) 空速×××m/s

(7) 飞往×××航点

(8) 无人机当前状态（悬停、爬升、返航等）

(9) 任务执行情况（拍照数量、拍照状态等）

项目总结思维导图

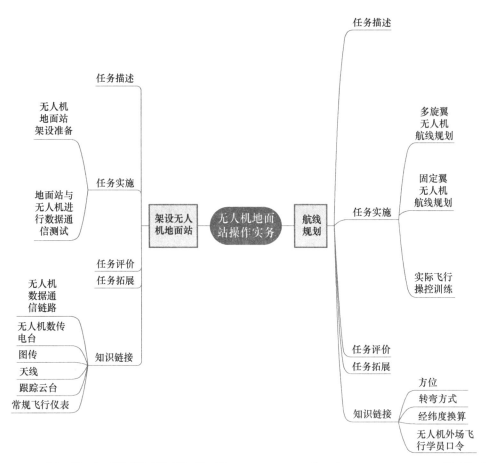

思考与练习

一、选择题

1. ( ) 的场地主要应满足视野开阔、地势平坦、周边无干扰源的要求，同时有一定的阴凉。

A. 无人机起飞　　B. 无人机降落　　C. 架设地面站　　D. 外场作业

2. 无人机数据链路中，( ) 主要完成地面站到无人机的遥控指令发送和接收工作。

A. 上行链路　　　B. 下行链路　　　C. 双工链路　　　D. 单工链路

3. 无人机数据链路中，( ) 主要完成无人机到地面站的遥测数据（飞行状态）以及视频图像（使用图传电台实现）的发送和接收工作。

A. 上行链路　　　B. 下行链路　　　C. 双工链路　　　D. 单工链路

4. 无人机 ( ) 是无人机数据链路的核心，是无人机飞控系统的重要组成部分。

A. 地面站　　　　B. 天线　　　　　C. 数传电台　　　D. 电源

5. 在各项线缆连接正常及已通电的情况下，可在计算机地面站软件上选择当前数传电台使用的通信口，设置地面端与天空端为一致的（　　　）。

A. 接口　　　　　B. 比特率　　　　 C. 速率图　　　　D. 电压

6. （　　　）主要是将飞行数据信息直接叠加在图像上，使无人机操控人员直接了解飞行状态信息。

A. GNSS　　　　　B. IMU　　　　　　C. OSD　　　　　D. GPS

7. 为了增加数据传输距离，在同类别天线的选择上，应该使用（　　　）天线。

A. 高增益　　　　B. 低增益　　　　 C. 大尺寸　　　　D. 小尺寸

8. 无人机天空端的天线主要有（　　　）天线和（　　　）天线。

A. GNSS、WiFi　　B. GNSS、OSD　　C. OSD、IMU　　　D. GNSS、IMU

9. 遥控器工作在上行链路、图传工作在下行链路、数传工作在（　　　）。

A. 上行链路　　　　　　　　　　　 B. 下行链路

C. 上行+下行双链路　　　　　　　　 D. 单双工链路

10. 平板天线属于（　　　）。

A. 全向天线　　　B. 定向天线　　　 C. 高增益天线　　D. 低增益天线

二、判断题

1. 数传电台的天线架设得高比低要好。　　　　　　　　　　　　　　（　　　）

2. 数传电台不怕日晒。　　　　　　　　　　　　　　　　　　　　　（　　　）

3. 鞭状天线是全向天线。　　　　　　　　　　　　　　　　　　　　（　　　）

4. 蘑菇天线是定向天线。　　　　　　　　　　　　　　　　　　　　（　　　）

5. 供电电源要满足各类型用电设备的电压、功率、接口匹配、备份冗余要求。（　　　）

6. 架设地面站的场地主要应满足视野开阔、地势平坦、周边无干扰源的，同时有一定的阴凉。　　　　　　　　　　　　　　　　　　　　　　　　　　　　　　（　　　）

7. 电台与计算机连接一般都是使用 USB 或者 USB 转串口线。　　　　（　　　）

8. 在进行馈线的连接时，要选用与天线匹配的馈线，且不能随意增减长度。（　　　）

9. 同类别的天线是通用的。　　　　　　　　　　　　　　　　　　　（　　　）

10. 同型号同厂家的数传电台是可以直接使用的。　　　　　　　　　（　　　）

三、简答题

1. 简述无人机地面站组成。

2. 简述供电电源的选型方法。

3. 如何选择地面站架设场地？

4. 架设天线时需要注意哪两点？

5. 衡量无人机数传电台功能是否强大的特征有哪些？

项目3
无人机低空摄像测量

项目描述

　　无人机低空摄影测量是传统航空摄影测量（卫星遥感与人机航空遥感）手段的有力补充，因其具有轻便、灵活、成本低、分辨率高等优点，被广泛应用于国土监察、资源开发、城市数字化管理、新农村和小城镇建设等方面，尤其在基础测绘、土地资源调查和监测、土地利用动态监测、数字城市建设和应急救灾测绘数据获取等方面，具有广阔的应用前景。

　　本项目采用多旋翼无人机对建筑物进行低空摄影测量，然后采用大疆智图软件进行数据分析处理，最后形成测量区域的三维模型。

学习目标

1. 素养目标

（1）遵纪守法、爱岗敬业。

（2）培养热爱劳动、勇于拼搏奉献的精神。

（3）培养精益求精的劳动精神。

（4）具有质量意识和安全意识。

2. 知识目标

（1）了解常用航测无人机的种类。

（2）了解航测无人机上常用的任务设备。

（3）了解无人机航测的应用领域。

（4）掌握无人机航测系统的组成。

（5）掌握无人机航测常用术语，如航高、成图比例尺、航摄比例尺、地面分辨率、航向重叠度、旁向重叠度等。

（6）掌握像控点标志的形状、布设要求和采集方式。

（7）掌握航测像片的数据处理方法。

3. 能力目标

（1）能通过准确的语言表达进行有效的人际沟通。

（2）能正确使用计算机处理巡检文档，查阅和使用无人机航测相关资料和标准。

（3）能熟练操控无人机及相关任务设备完成航测任务。

任务1　多旋翼无人机正射影像测量作业

任务描述

　　本任务是用多旋翼无人机对城市建筑物进行低空倾斜摄影测量，并把测量数据移交给数据处理员。

任务实施

一、作业前准备

（1）与客户沟通　任务开始前，要与客户充分沟通，了解客户需求，从而确定执行任务所使用的坐标系、中央子午线、投影面高程、高程系统、影像分辨率、成果格式等，并询问客户有无其他特殊要求。

（2）测区地理环境检查　通过常用地图软件了解测区全区及起飞场地的环境、地形、高压线、金属矿地磁干扰、树木、高建筑物及其他环境因素，了解是否存在可能会使无人机出现失锁、障碍、航时等问题的因素；了解测区地形和建筑物的高度，便于设置作业时的飞行参数，避免因无人机飞行高度问题而发生意外。

（3）现场勘查　作业员需要对测区及其周围进行踏勘，核实在地图上了解的测区地理环境信息，并收集测区海拔、地形、地貌、气象（风力、风向、云层高度、光照等）信息以及周边的重要设备和交通信息，为无人机的起飞、降落、航线规划提供资料。

（4）申请空域　我国的空中管制十分严格，由空军统一管理，所有的无人机航测项目都需要进行空域申请，得到批复后才可以实施。因此，作业前应向有关部门申请空域。

（5）测区规划　对于小面积测区，应提前一天在 DJI Polit 地面站上规划测区；对于大面积测区，可以使用中科图新地球软件规划测区，进行合理的分块，导出测区 KML 文件，并将 KML 文件复制到遥控器 TF 卡的 x:\DJI\KML 目录下。

测区规划

（6）检查设备　对无人机各组成部件（机身、螺旋桨、电动机、电调、遥控器等）和任务设备（云台、相机、存储卡）进行检查，除了检查它们是否完好无损外，还要开机检查它们是否能正常工作，固件是否需要更新；检查无人机和遥控器电池电量是否充足。

（7）准备物品　准备好插排、螺钉旋具、充电宝、USB Type-C 数据线、药箱、手机等物品，以备不时之需。

二、飞行作业

（1）组装调试设备　按照正确的方法把遥控器电池、无线上网卡及 SIM 卡安装到遥控器相应位置上，开启遥控器并调整天线；安装起落架，把无人机从保护箱中取出，放在平整的起落位置上，移除桨托并展开机臂，锁紧机臂并展开螺旋桨，取出云台相机并安装到无人机上对应位置，取出电池并安装到无人机上对应位置，开机并打开 DJI Pilot 软件检查无人机状态列表是否有报错及 RTK 连接情况；若一切正常，手动起飞无人机进行试飞，检查无人机飞行性能。

组装遥控器

（2）规划航线　进入 DJI Pilot 软件主界面后，选择"航线飞行"功能模块（图 3-1），进入"创建航线"界面（图 3-2），显示"创建航线"和"KML 导入"两个选项，其中"创建航线"为手动在地图上描绘生

组装多旋翼无人机

成航线，"KML 导入"为自动根据 KML 文件生成测绘区域的航线；单击后出现"航点飞行""建图航拍""倾斜摄影"三种任务类型（图 3-3），根据客户要求选择"建图航拍"后，自动生成 KML 文件区域范围内的正射影像飞行作业航线。

图 3-1　DJI Pilot 软件主界面

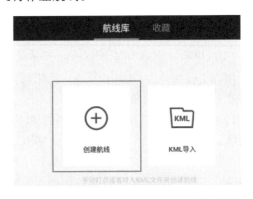

图 3-2　"创建航线"界面

图 3-3　任务类型界面

（3）设置参数　在 DJI Pilot 软件界面上依次设置"相机选择""拍照模式""飞行高度""起飞速度""航线速度""完成动作""高级设置"中的"旁向重叠率""航向重叠率""主航线角度"，如图 3-4 所示。参数设置完成后，单击软件左侧的按钮，对当前任务进行保存。

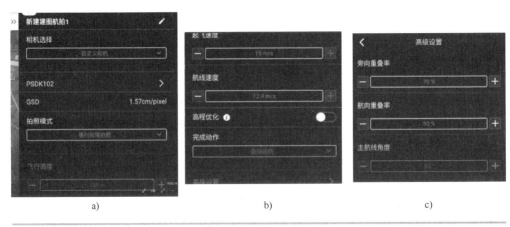

a)　　　　　　　　　　　　b)　　　　　　　　　　　　c)

图 3-4　设置参数界面

（4）执行任务　单击软件左侧的 ▶ 按钮，出现"飞行准备"界面（图3-5），单击"开始执行"按钮，无人机会飞向起始点执行航线任务。

飞行准备		取消
完成动作	自动返航 ∨	失控动作 自动返航 ∨
飞行器电量	61%	距起飞点距离 1402 m
飞行模式	P	

49822 m	1 h 15 m 43 s	84	4045
航线长度	预计时间	航点	照片

开始执行

图3-5　"飞行准备"界面

（5）监控作业　进行航测的过程中，操控人员要密切关注无人机的飞行状态、飞行高度、飞行速度以及实时图传、无人机卫星数、遥控器信号和无人机电池电量，一旦发生异常，要及时处理，以免造成事故。无人机按规划路线完成航测任务后，根据规划设置，默认自动返航，操控人员要到起降地点待命，应确保降落地点安全，避免路人靠近。当无人机开始降落时，要时刻关注无人机，当遇到突发情况（在降落现场突发大风、人员走动等）时，应及时调整降落地点。

三、数据检查

进行数据检查时，手工筛选掉漏桨、方向不对、相机过曝和欠曝等不符合要求的照片。大疆无人机拍摄的照片自带应用定位定向系统（Position and Orientation System，POS）信息（WGS-84坐标系统），用鼠标右键单击"属性"→"详细信息"，可以查看照片的经纬度及其他信息。

四、布设像控点

因为本次测区地面特征点较多，所以使用后采用坐标法布设像控点，个数为5个，均匀分布于测区，如图3-6所示。用RTK多次采集地面特征点三维坐标值，然后对三维坐标值分别求平均值，即为像控点的三维坐标值。

图3-6　像控点的位置　　布设像控点

五、整理设备

无人机使用结束后，需要对无人机进行清洁除尘，检查各零部件是否有损坏、电池是否鼓包，如果有应及时更换；拆卸相应部件，放到保护箱的相应位置，关闭保护箱。

六、整理移交数据

整理好 KML 文件、图片文件及像控点文件，并交给数据处理人员。

任务评价

将学生完成任务的情况及评分填入表 3-1 中。

表 3-1　多旋翼无人机正射影像测量作业评价表

序号	内容	要求	分值	评价			得分
				学生自评	学生互评	教师评价	
1	职业素养	文明礼仪	5				
2		安全纪律	10				
3		行为习惯	5				
4		工作态度	5				
5		团队合作	5				
6	任务实施	作业前准备充分且规范	15				
7		飞行作业过程符合规范要求	20				
8		像控点布设符合规范要求	20				
9	照片质量	照片数据符合质量要求	15				
综合评价							

任务拓展

固定翼无人机倾斜影像测量作业

一、准备阶段

检查设备的状态，完成飞行前的各项审批手续，提前向当地有关部门报备。收集测区已有的数字正射影像（DOM）、控制点、水准点等资料，并在 91 卫星地图上对测区的地形起伏情况做初步了解，提前布设像控点点位、选择起降场等。

二、像控点布设与测量

像控点就是在进行无人机航测时，使用 RTK 或者全站仪（大多数情况都是使用 RTK）在所拍摄的测区内建立的具有标志性的真实坐标点。通过像控点，可以对后期无人机航测出的坐标点进行校正，从而完成测量。

三、正确选择起降场地

使用无人机进行测绘飞行时，起降场地的选择是非常重要的一个环节。无人机的炸机事故，绝大多数都发生在起飞和降落阶段，故起降场地的选择是安全飞行的第一步。

四、航测无人机和任务载荷

航测采用垂直起降无人机，其任务载荷包含五镜头相机倾斜摄影模块。

五、航高设计

根据任务要求计算相对航高。如实际飞行区域面积大，则需要进行分块飞行。在分块飞行时需要考虑地形变化情况，使重叠区域有公共的像控点，且同一分区内部所有航高的高度差尽量小，在满足重叠度的条件下，最低点满足航高要求。

六、航线设计

1. 设计飞行技术方案

设计合理的无人机飞行实施方案是一个很关键的问题。设计飞行方案前应遵循以下设计依据。

（1）明确项目基本要求　项目的实施内容严格依据客户提供的技术要求进行设计和组织，内容包括航空摄影、像控测量、数字正射影像（DOM）生产、倾斜摄影模型生产，并最终提交符合规范和技术要求的数据成果。

（2）明确工期要求　包括前期方案、手续完成日期要求；航摄开工、完工日期要求；数据成果提交日期要求。

（3）明确技术方案　明确所选择的基础坐标系统和高程基准。

（4）明确成果格式要求　原始航拍影像格式、POS 数据文件、像控点等；倾斜三维模型分辨率、平面精度、成果格式等。

（5）明确方案设计中引用的标准及作业依据　参考如下：

1）《数字航空摄影测量　空中三角测量规范》（GB/T 23236—2009）。

2）《低空数字航空摄影规范》（CH/Z 3005—2010）。

3）《数字航空摄影测量　控制测量规范》（CH/T 3006—2011）。

4）《全球定位系统实时动态测量（RTK）技术规范》（CH/T 2009—2010）。

5）《IMU/GPS 辅助航空摄影技术规范》（GB/T 27919—2011）。

6）《1∶500　1∶1000　1∶2000 地形图航空摄影测量内业规范》（GB/T 7930—2008）。

7）《1∶500　1∶1000　1∶2000 地形图航空摄影测量外业规范》（GB/T 7931—2008）。

8）《城市三维建模技术规范》（CJJ/T 157—2010）。

9）《三维地理信息模型数据产品规范》（CH/T 9015—2012）。

10）《三维地理信息模型生产规范》（CH/T 9016—2012）。

11）《三维地理信息模型数据库规范》（CH/T 9017—2012）。

12）《数字测绘成果质量检查与验收》（GB/T 18316—2008）。

13）《测绘技术设计规定》（CH/T 1004—2005）。

2. 无人机飞行方案设计要点

在制定无人机飞行方案时，需关注以下几个要点。

1）在便于施测像控点及不影响内业正常加密时，旁向覆盖超出摄区边界线不少于像幅的 15%，航向覆盖超出摄区边界线至少一条基线，可视为合格。

2）航向、旁向重叠度数据均优于70%，影像像点位移最大不超过1.5像素，旋偏角一般不大于15°，在像片航向和旁向重叠度符合要求的前提下，最大不超过25°。

3）在一条航线上达到或接近最大旋偏角限差的像片数不得连续超过三片；在一个摄区内出现最大旋偏角的像片数不得超过摄区像片总数的4%。

4）检查无人机起飞前和降落后IMU、GPS的工作时间，要求至少要达到10min以上。

5）进入摄区航线时，为了避免IMU误差积累，宜采用左转弯和右转弯交替的方式飞行，且每次的直飞时间不宜超过30min，在20min以内为佳（按无人机巡航速度为420km/h计，航线长度一般不宜超过210km，在140km以内为佳）。

6）飞行过程中无人机的上升、下降速度一般不能大于10m/s，飞行过程中的转弯坡度不宜超过20°，以免造成卫星信号失锁。

7）测区边界覆盖：旁向覆盖超出测区边界线不少于400m。为便于施测影像控制点及内业正常加密，旁向覆盖不少于像幅的15%。

8）个别情况下，允许影像旋偏角大于15°但不超过25°，以保证航向重叠度和旁向重叠度正常。

测区的航摄飞行设计以"保证产品质量、高效且经济"为原则，综合考虑仪器设备的性能、地形、地势、高差、摄区形状、航高、航向重叠度、旁向重叠度等一系列要素，采用地面站进行航线设计。

七、无人机航测外业操作流程

1. 确定测量场地

1）分析作业区域卫星图。

2）准确抵达现场，识别作业区域范围。

2. 飞行前准备

飞行前的准备内容包括选择航拍测绘设备、进行航线规划设计、设计飞行方案（确定航高及飞行速度、重叠度）。

3. 判断天气条件

天气因素直接影响航拍测量的效果，因此在出发航拍之前一定要掌握当日天气状况，并重点观察以下几点。

1）云层分布情况。

2）光照度。

3）现场风速、风向。

4）温度。

4. 赶赴航测地点

带上相关设备赶赴航拍起飞点，并提前确定好航拍架次及顺序。

5. 地面像控点布设与数据采集

6. 记录当天作业日志

记录当天的风速、风向、天气、起降坐标等信息，留备日后参考和进行分析总结。

7. 架设弹射架

大型固定翼无人机为保证起飞平稳，需要架设弹射架，弹射架一般逆风架设。

8. 建立无线电台和地面站

无线电链路用于地面站和无人机之间的通信，天线用于保证无遮挡，保证 RTK 基站架设稳定。

9. 起飞前检查通信设备与地面设备

1）遥控器与无人机通信正常、无人机与地面站通信正常。

2）安装检查 SIM 卡，完成网络诊断及 RTK 连接、差分定位系统的地面端及地面站检查。

10. 上传航线任务并检查

进行航线任务规划、完成相机设置。

11. 检查无人机及遥控器电池电量

确保电池处于满电状态。

12. 固定翼无人机放置到弹射架或跑道上，多旋翼无人机放置到起飞平台上

检查无人机各部件是否连接紧密，起飞平台是否稳固，弹射架供电接线是否正确连接，电力是否充足。

13. 起飞前调整无人机姿态角度

对于距离上一次起飞地点超过 200km 的起飞地点，需对无人机进行校准，以确保无人机飞控正常。

14. 地面手动测试

进行手动遥控测试，将飞行模式调至手动遥控飞行状态，测试各通道是否能按指令操作。

15. 起飞前检查机体及环境

起飞前要检查机体是否牢固，航拍相机与飞控系统是否连接，降落伞包是否处于待命状态等。

16. 无人机起飞

发布命令，起飞。无人机操控人员应持手动操作杆待命，观察现场状况，根据需要随时手动调整无人机姿态及飞行高度。

17. 监测无人机工作状态

1）对航高、航速、飞行轨迹的监测。

2）对发动机转速和空速、地速进行监控。

3）随时检查照片拍摄数量。

18. 无人机降落

无人机按设定路线飞行航拍完毕后，根据规划设置，默认自动返航。遥控无人机操控人员到指定地点待命。

19. 导出并检查数据

完成降落后检查相机中的影像数据、飞控系统中的数据是否完整。数据获取完成后，需

对获取的影像进行质量检查，将 SD 卡中的图片导入计算机进行建图。对不合格的区域进行补飞，直到获取的影像质量满足要求。

20. 整理设备

1）检查无人机及遥控器剩余电量，更换收纳电池。

2）收纳整理航测设备，在指定位置装箱。

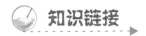

知识链接

一、无人机航测概述

1. 无人机航测的定义及应用

无人机航空遥感摄影测量简称无人机航测，是一种通过无人机搭载遥感传感设备，实时获取目标区域的地理空间信息，快速完成遥感数据处理、建模和应用分析的应用技术，如图 3-7 所示。无人机航测是传统航空摄影测量的有力补充。因其具有机动灵活、高效快速、精细准确、成本低廉、适用范围广、生产周期短等优点，被广泛应用于国家重大工程建设、灾害应急与预防、国土监察、资源开发、数字城市建设、新农村和小城镇建设等方面，如图 3-8 所示，特别在小区域和飞行困难地区的高分辨率影像快速获取方面具有明显优势。随着无人机与数码相机技术的发展，无人机航测已经成为航空遥感领域的一个崭新发展方向。

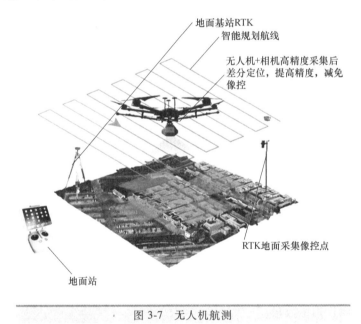

图 3-7　无人机航测

2. 无人机航测系统

无人机航测系统主要由数据采集系统和数据处理系统两部分组成。数据采集系统主要通过无人机搭载任务设备对目标进行影像数据采集。数据采集系统由无人机平台、任务载荷和地面站组成，通常将这一部分称为航空摄影系统。数据处理系统主要是对采集的数据进行专业处理，主要包括空中三角测量、数字高程模型（Digital Elevation Model，DEM）制作、数字正射影像（Digital Orthophoto Map，DOM）生产作业、数字线划地图（Digital Line Graphics，DLG）生产作业等，最终形成目标区域的三维模型信息，这一部分也被称为摄影测量系统（软件）。

a) 高速公路建设

b) 隧道管道监测

c) 矿区开采监管

d) 城市数字化管理

图 3-8　无人机航测的应用领域

目前常用的航测无人机主要有固定翼无人机（图 3-9）和多旋翼无人机（图 3-10）两类，固定翼无人机因其续航时间长、抗风性能好、拍摄幅面广等优点，常用来拍摄大范围区域，而携带轻便、造价相对低廉的多旋翼无人机常用来进行小范围拍摄。

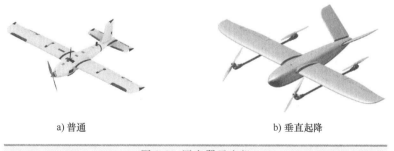

a) 普通　　　　　　　　　　　　　b) 垂直起降

图 3-9　固定翼无人机

航测无人机上常用的任务设备主要是数码相机，分为单镜头相机和五镜头相机（图 3-11）。搭载单镜头相机的无人机常用来进行正射影像，也可以进行倾斜摄影，但没有五镜头相机进行倾斜摄影的效率高。因此，目前五镜头相机常用来完成倾斜摄影任务。

地面站软件主要有深圳市大疆创新科技有限公司的 DJI Pilot、广州优飞信息科技有限公司和深圳市大疆创新科技有限公司联合开发的 Umap、武汉圆桌智慧科技有限公司的 RTechGo、Pix4D 公司的 Pix4Dcapture 等。不同公司生产的航测无人机都有相应的地面站，例如大疆无人机基本都用 DJI Pilot。地面站软件虽然不同，但其功能及使用流程大同小异。

图 3-10 多旋翼无人机

图 3-11 五镜头相机

目前航测公司比较常用的航测软件是大疆智图、Context Capture、Smart3D Capture 及 Pix4Dmapper。这些航测软件各有优缺点，如大疆智图操作简单，适合快速建图；Pix4Dmapper 操作简单、精度较好，但运算效率较低，对硬件要求较高，需根据项目需要进行平台选择。使用这些航测软件进行数据处理后，可以得到空中三角、数字高程模型（DEM）、数字正射影像（DOM）、数字线划地图（DLG）和数字栅格地图（DRG）这五种形式的成果，其中 DEM、DOM、DLG 和 DRG 合称为摄影测量 4D 产品。

数字高程模型（图 3-12）是测量区域内规则格网点的平面坐标（X、Y）及其高程（Z）的数据集，主要描述区域地貌形态的空间分布，可派生出等高线、坡度图等信息，同时它本身还是制作数字正射影像的基础数据，也可与数字正射影像或其他专题数据叠加，用于与地形相关的分析应用。

数字正射影像是对航空像片按一定图幅范围裁剪生成的数字正射影像集；具有地图几何精度和影像特征的图像，如图 3-13 所示，可用于农村土地发证、土地利用调查等方面。

图 3-12 数字高程模型

图 3-13 数字正射影像

数字线划地图是与现有线划地图基本一致的各地图要素的矢量数据集，且保存各要素间的空间关系和相关的属性信息，如图 3-14 所示。它是最常见的无人机航测数据处理产品，能较全面地描述地表现象，目视效果与同比例尺一致但色彩更为丰富，可作为数字正射影像地形图中的线划地形要素。

图 3-14　数字线划地图

数字栅格地图是根据现有像片地形图经扫描和几何纠正及色彩校正后，形成的在内容、几何精度和色彩上与地形图保持一致的栅格数据集，如图 3-15 所示，可用于数字线划地图的数据采集、评价和更新，还可与数字正射影像、数字高程模型等数据集成，派生出新的信息，制作新的地图。

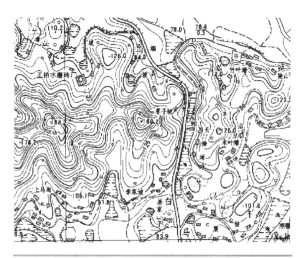

图 3-15　数字栅格地图

二、常用术语

（1）航片　指航空像片。

（2）航高　指无人机在飞行过程中，摄影物镜距地球上某一基准面的垂直距离。随基准面的不同，航高可分为绝对航高、相对航高、真实航高和摄影航高四种类型。

1）绝对航高是指摄影物镜相对于平均海平面的垂直距离，也指摄影物镜在摄影瞬间的真实海拔高度，用 H_0 表示。

2）相对航高是指摄影物镜相对于摄影区域地面平均高程基准面 $h_基$ 的高度，也常称为摄影航高，用 H 表示。则绝对航高的计算公式如下

$$H_0 = H + h_基 \tag{3-1}$$

3）真实航高是指无人机在摄影瞬间相对于实际地面的高度。

（3）成图比例尺 指图上某一线段长度 d 与实地相应线段的水平距离 D 之比，即

$$比例尺 = \frac{d}{D} = \frac{1}{D/d} = \frac{1}{M} \tag{3-2}$$

式中 M——成图比例尺分母；

D——实地的水平距离（m）；

d——图上的长度（m）。

因为无人机飞行属于低空飞行，常用大成图比例尺，主要有 1：500、1：1000、1：2000、1：5000、1：10000 几种。只有在特殊用途时，才采用任意比例尺。0.1mm 为人眼分辨力，成图上 0.1mm 所对应的实地水平长度称为成图比例尺精度。由此可见，不同成图比例尺的成图比例尺精度是不同的，例如，成图比例尺为 1：500，由式（3-2）可知，成图比例尺精度为 0.1mm×500 = 50mm = 0.05m；若成图比例尺为 1：1000，由式（3-2）可知，成图比例尺精度为 0.1mm×1000 = 100mm = 0.1m。常用成图比例尺对应的成图比例尺精度见表 3-2。由表 3-2 可知，成图比例尺越大，测量精度越高。

表 3-2 常用成图比例尺对应的成图比例尺精度

成图比例尺	1：500	1：1000	1：2000	1：5000	1：10000
成图比例尺精度/m	0.05	0.1	0.2	0.5	1

（4）航摄比例尺 又称航片比例尺，是航片上的某一线段长度 l 与相应实地线段水平距离 L 之比（图 3-16），即

$$\frac{1}{m} = \frac{l}{L} = \frac{f}{H} \tag{3-3}$$

式中 m——航摄比例尺分母；

l——航片上线段长度（m）；

L——实地线段水平距离（m）；

f——镜头焦距（m）；

H——飞行高度（相对航高）（m）。

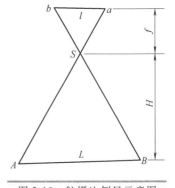

图 3-16 航摄比例尺示意图

（5）地面分辨率 指影像上单个像素所对应的地面实际尺寸，也称为地面采样距离（Ground Sample Distance，GSD）。若相机物理成像面上的像元尺寸为 a，依据式（3-3），可得下式

$$GSD = ma = \frac{aH}{f} \tag{3-4}$$

对于选定的相机和焦距，可知 a 和 f，若再给定 GSD，依据式（3-4）就可以算出相对航高 H；如果给定相对航高 H，就可以算出地面分辨率 GSD。由此可见，在相机和焦距确定的情况下，地面分辨率 GSD 和相对航高 H 相互影响。一般对于大成图比例尺，地面分辨率 GSD 应满足 $GSD \leq 0.01M$，单位为 cm。由此可以得到成图比例尺对应的地面分辨率，见表 3-3。

目前，多用数码相机进行航摄，采用数码相机时一般用地面分辨率 GSD 而不用成图比例尺，因此，可依据表 3-3，先由成图比例尺确定地面分辨率 GSD，然后由式（3-4）确定镜头的焦距 f 和飞行高度 H。若镜头焦距也已已知，则可由下式确定飞行高度 H：

表 3-3　常用成图比例尺对应的地面分辨率

成图比例尺	1∶500	1∶1000	1∶2000	1∶5000
地面分辨率/cm	≤5	8~10	15~20	20~40

$$H = GSD \frac{f}{a} \tag{3-5}$$

由于气象等原因，无人机难以始终准确地稳定在一个飞行高度，从而导致航片之间存在差异，这种差异称为航高差。航高差会导致每张航片的成图比例尺都不完全相同，当航高差较大时，会影响成图的质量。国家标准 GB/T 7931—2008 规定，同一条航线上相邻航片的航高差应 ≤20m，最大航高与最小航高之差应 ≤30m；航摄分区内实际航高与设计航高之差应 ≤50m，当相对航高 >1000m 时，其实际航高与设计航高之差应小于等于设计航高的 5%。

（6）航片重叠　指相邻航片之间的重叠部分，分为航向重叠（图 3-17a）和旁向重叠（图 3-17b）。同一航线内相邻两张航片的重叠称为航向重叠，航向重叠部分长度 p_x 占航向像幅长度 L_x 的百分比称为航向重叠度 P_x，见式（3-6）。相邻航线间的影像重叠称为旁向重叠，旁向重叠部分长度 p_y 占旁向像幅长度 L_y 的百分比称为旁向重叠度 P_y，见式（3-7）。

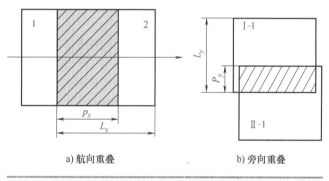

a) 航向重叠　　　　　　b) 旁向重叠

图 3-17　航片重叠

$$P_x = \frac{p_x}{L_x} \times 100\% \tag{3-6}$$

$$P_y = \frac{p_y}{L_y} \times 100\% \tag{3-7}$$

式中　P_x——航向重叠度（%）；

P_y——旁向重叠度（%）；

p_x——航向重叠部分长度（mm）；

p_y——旁向重叠部分长度（mm）；

L_x——航向像幅的长度（mm）；

L_y——旁向像幅的长度（mm）。

CH/Z 3005—2010 规定，航向重叠度一般应为 60%~80%，最小不能小于 53%；旁向重叠度一般在 15%～60% 范围内，不能小于 8%。不论航向重叠度还是旁向重叠度，按照理论计算建议值是 66.7%。在无高层建筑、地形地物高差比较小的测区，航向、旁向重叠度建议最小不小于 70%；在高建筑密集区域，航向、旁向重叠度最大可为 80%～90%。航向和旁向重叠度越大，相同区域数据量越多，成图精度就越好，但数据处理的效率就越低。因此，在进行航线设计时要合理设计航向、旁向重叠度，在保证成图精度的前提下，数据处理效率越高越好。

（7）航线弯曲　指将一条航线的航片根据地物影像拼接起来，各张航片的主点连线不在一条直线上，而呈现弯曲的折线形状，如图 3-18 所示。航线上偏离两端航片主点之间的直线最远的航片主点到该直线的垂直距离 l 与该直线段长度 L 之比的百分数称为航线弯曲度。航线弯曲会影响航向、旁向重叠的一致性，若航线弯曲度太大，可能会产生航摄漏洞，甚至影响航测作业，因此一般要求航线弯曲度 <3%。

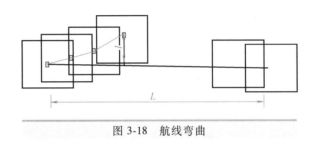

图 3-18　航线弯曲

（8）航片旋偏角　指相邻两航片主点连线与像幅沿航线飞行方向的两框标连线之间的夹角 α，如图 3-19 所示。它主要是由于航测时相机定向不准确而产生的，会影响航片的重叠度，减少立体像对的有效范围，给航测内业作业增加困难。因此，对于低空航测，一般要求航片旋偏角不大于 15°，在航向和旁向重叠度满足要求的前提下，最大航片旋偏角不超过 30°；在同一条航线上，航片旋偏角超过 20° 的航片不应超过 3 片，超过 15° 的航片数不得超过分区像片总数的 10%。

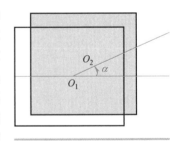

图 3-19　航片旋偏角

（9）投影　指光线通过物体，向选定的面（投影面）投射，并在该面上得到图形的方法，分为中心投影和平行投影。

1）中心投影　是指投射线交于一点的投影。由于其投影的大小随物体与投射中心间距离的变化而变化，所以其投影不能反映物体的实形。

2）平行投影　是指投射线相互平行的投影。平行投影的投射线是平行的。在平行投影中，投射线正对着投影面时，称为正投影，否则称为斜投影。在平行投影下，与投影面平行的平面图形留下的投影与这个平面图形全等。

（10）正射影像　指具有正投影性质的航测影像。

（11）倾斜摄影　指同时从一个垂直、四个倾斜共五个不同的角度采集影像的过程。

三、像控点

像控点是摄影测量控制加密和测图的基础，因此野外像控点目标选择得好坏和指示点位的准确程度直接影响成果精度的高低。在进行无人机航测时，使用 RTK 或者全站仪（大多数情况都是使用 RTK）在所作业区内建立具有标志性的真实坐标点，通过所布设的像控点，可以对后期航测的坐标点进行校正，从而完成航测任务。

（1）像控点标志　像控点标志有两种。一种是人工制作的标志，常用的形状主要有对三角形、对正方形、L 形和十字形，如图 3-20 所示。该种像控点标志依据制作方法可分为标靶式和喷涂式（喷漆式、涂漆式）。标靶式像控点标志为印刷在 KT 板上的像控点标志，不需要喷涂，直接放在测区内，航测后可就地回收，比较低碳环保，其缺点是容易被移动，需当场采集坐标，且不适合测区较大的项目；喷涂式像控点标志保存时间长，位置固定，可飞后再采集坐标，更灵活，但耗时较长，有气味，会污染环境。这种像控点标志适合采用预先铺设法，也就是飞行前在测区范围内预先铺设好像控点标志。

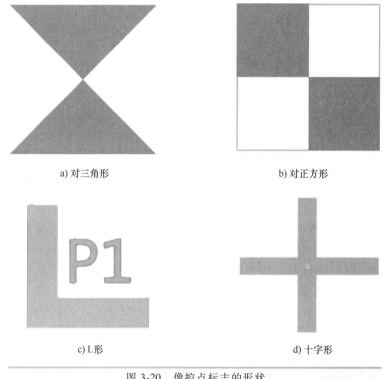

a) 对三角形　　　　　　　　b) 对正方形

c) L形　　　　　　　　d) 十字形

图 3-20　像控点标志的形状

还有一种是特征地物标志，如各种交通标识线和道路边界线，如图 3-21 所示。各种交通标识线夹角清晰、好辨识，基本不存在变化，但容易被停下的车辆覆盖，因此采用这类标志时应增加一定数量，以应对部分点失效的情况。由于道路交通标识线像控点不能够涂刷编号，所以需要使用外业软件记录其位置并对每个像控点位置拍照，以用于在后期处理中区分。道路边界线是固定的，不容易变化，在特征明显的情况下不容易混淆，在飞行过程中不容易被持续遮挡，但颜色反差较小，选择有效点位需要一定的经验，且不容易标识，需打点时应一并记录照片和大致位置。这种像控点标志适合采用后采法，即在飞行任务完成后，通过寻找特征地物标志作为像控点标志，一般适用于城市航测项目。

a) 道路交通标识线

b) 停车标识线

c) 行车标识线

d) 道路边界线

图 3-21　特征地物标志

（2）布设要求

1）一般按航线对测区统一布设像控点，在测区内构成一定的几何强度且分布均匀，距离飞行边界 50~100m。对于规则测区（矩形或正方形），若为小面积区域，最少布设 5 个像控点，即在区域的 4 个角和中间各布设 1 个像控点，如图 3-22 所示；对大面积区域，应在中间相应增加像控点。对于不规则测区，应根据具体地形布设像控点，一般在测区周围布设数量足够且能够控制整体区域的外围像控点，在测区内部少量布设位置合理的像控点，如图 3-23 所示。对于带状测区，需要在带状的左右侧布点，可以按照"S"或"Z"形路线布设，如图 3-24 所示。对于铁路或者黄土地测区，尽可能选用标靶式像控点标志。

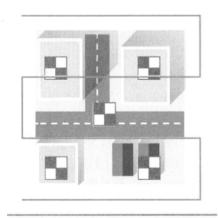

图 3-22　在小面积规则测区布设像控点

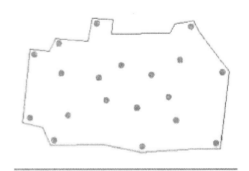

图 3-23　在不规则测区布设像控点

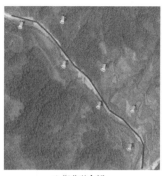
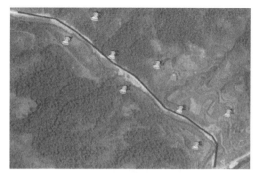

a)"S"形布设 　　　　　　　　　　　b)"Z"形布设

图 3-24　在带状测区布设像控点

2）在视野开阔、平坦、上空没遮挡的平滑地方布设像控点，应避开树下、屋檐下、屋角、杂草、斜坡、台阶边角及阴影区域。一般水泥路面可采用喷漆式像控点标志，土路或山地可用腻子粉代替喷漆（注意天气，查看要飞行临近几天的天气，下雨会造成用腻子粉布设的像控点标志失效）。山区路不多时，可采用标靶式像控点标志。

3）现场喷涂像控点标志时，应用直角模具进行喷涂，颜色要与地表颜色对比鲜明，常用颜色有白色和红色；标志大小应>50cm，并且棱角鲜明；喷涂编号，字体应清晰，字号高度应>30cm；具体尺寸和编号按照 CH/Z 3005—2010《低空数字航空摄影规范》执行。

4）选择特征地物标志作为像控点标志时，要尽量选择固定、平整、清晰易识别、无阴影、无遮挡、比较大的地物，并提供 2~4 张现场照片来说明像控点的位置，其中至少包含 1 张近景照片和 2 张远景照片，这样能明显指示像控点位置和像控点及其周围地物特征，并带有像控点编号（默认照片中对中杆所在位置即为像控点位置）。

5）像控点布设的密度要根据测区地形和精度要求进行选择。如地形起伏较大，地貌复杂，需增加像控点的布设数量（10%~20%）。很多无人机有 RTK 或者 PPK（事后动态差分测量）系统，理论上可以减少地面控制点的数量，可以根据项目测试经验自行调整。不同地面分辨率和成图比例尺下，像控点布设密度见表 3-4。

表 3-4　像控点布设密度

项目类型	地面分辨率/cm	像控点密度/(m/个)
地籍高精度测量	≤5	100~200
1：500 地形图测量	8~10	200~300
1：1000 地形图测量	15~20	300~500
常规规划测量	20~40	500

（3）采集　像控点采集应遵循"从整体到局部、先控制后碎部"的原则，即先进行整个测区的控制测量，再进行碎部测量。常用采集方式有 GNSS 静态、全站仪和 RTK 三种方式。采集中应尽量采用三脚架以保证采集精度，每个点需要采集 3 次（平滑 10 次），每采集一次应断开 RTK 再重新连接。采集坐标时，一般在 L 形的直角拐角处进行采集，可以在内角处也可以在外角处，且同一个项目必须在同一个拐角处。也就是说，如果在外角处采集，则所有点都要在外角处采集，如图 3-25 所示。对三角形、对正方形及十字形全都放在交叉正中心进行像控点采集，如图 3-26 所示。

图 3-25　采集 L 形像控点标志时
三脚架的放置示意图

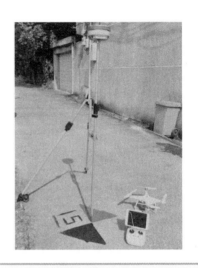

图 3-26　采集对三角形像控点标志时
三脚架的放置示意图

四、拍摄后检查

1. 数据异常

在飞行过程中可能会遇到极少的卫星信号瞬间失锁现象，或由于较恶劣的飞行条件，如较大的风或上升气流等造成无人机姿态变化较快时卫星信号不好，由这种情况造成的 POS 数据异常，应根据数据异常时间段是否在正式航线上和整个架次的 POS 数据精度来确定航线数据的有效性，对于无效数据的航线或架次应进行补飞。

2. 补飞

数据获取过程中可能存在极少量的异常情况，造成某一区域的数据获取缺失等现象，应及时检查任务影像，避免出现漏拍、错拍及由相机参数设置错误引发的照片质量不佳等问题，发现相关问题后应及时进行补拍。对于产生数据漏洞的航线要进行补飞，补飞航线两端均要相应延长一部分，从而使得两次获得的数据能够很好地接边。

3. 数据要求

对拍摄好的影像，不要进行任何的编辑，包括改变尺寸、裁剪、旋转、降低噪点、锐化，以及调整亮度、对比度、饱和度或色调。

任务 2　使用大疆智图软件进行测量数据处理

任务描述

本任务主要是进行内业处理，使用大疆智图软件，利用倾斜摄影数据进行二维、三维可见光重建，形成数字表面模型（DSM）、数字正射影像（DOM）以及三维模型等结果，如图 3-27 和图 3-28 所示。

a) DSM   b) DOM

图 3-27　数字表面模型（DSM）和数字正射影像（DOM）

图 3-28　三维模型

任务实施

一、数据导入

首先需要将影像及 POS 数据导入到大疆智图软件中。

使用大疆无人机及大疆负载（如 P4R、P1 等）采集的数据（影像中已经包含 POS 数据），无须进行数据处理，直接导入即可使用。

1. 新建重建任务

启动大疆智图软件并登录后，单击"新建任务"按钮，选择"可见光重建"任务类型，如图 3-29 所示。

图 3-29 "新建任务"界面

2. 添加影像

可通过添加照片或照片文件夹方式添加原始影像，如图 3-30 所示。

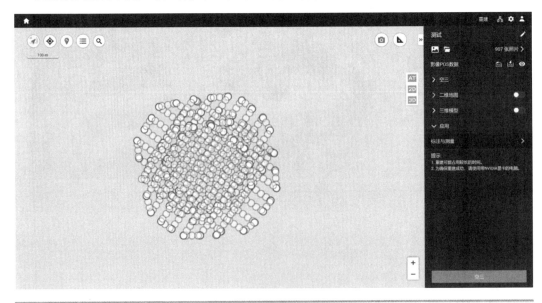

图 3-30 添加原始影像

小提示

影像所在文件夹的路径不能带特殊字符（如#），否则像控点界面刺点视图将无法显示。

3. 影像管理

单击各个分组的列表可以查看并管理影像，如图 3-31 所示。

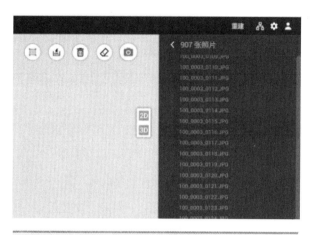

图 3-31　查看影像分组列表

4. 选择指定范围影像

用鼠标左键在地图上添加边界点可以绘制框选区域，通过绘制框选区域可选择保留或删除指定范围内的影像，如图 3-32 所示。

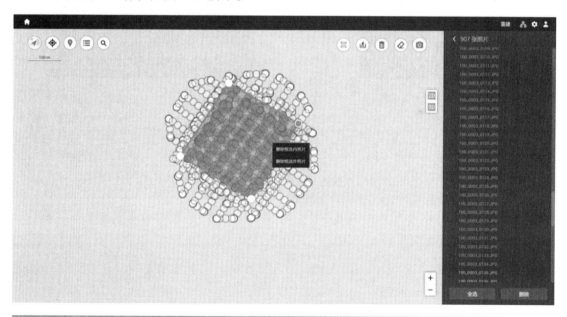

图 3-32　确定区域

二、空三

二维地图和三维模型都必须先做空三处理，"空三"选项界面如图 3-33 所示，各选项含义如下。

1. 场景

不同的场景对应不同的匹配算法，可根据拍摄方式的不同选择合适的场景。

（1）普通场景　适用于绝大多数场景，包括倾斜摄影和正射拍摄的数据。

（2）环绕场景　适用于环绕拍摄的场景，主要针对细小垂直物体的重建，如基站、铁塔、风力发电机等。

（3）电力线场景　适用于可见光相机（如 P4R）采用垂直电线的"Z"形方式拍摄电力线的场景。

2. 计算模式

如果计算机有集群权限，此处可选择"单机计算"或"集群计算"；如果计算机仅有单机权限，则看不到该选项。

3. 高级设置

"高级设置"选项界面如图 3-34 所示。

图 3-33　"空三"选项界面

图 3-34　"高级设置"选项界面

（1）特征点密度　分为"高"和"低"两类。

高：对单张影像提取较多的特征点，适用于对成果精度和效果要求较高的场景。

低：对单张影像提取较少的特征点，适用于需要快速出图的场景。

（2）XML　成果格式为 XML 格式，坐标系建议与二维、三维重建坐标系保持一致。大部分的修模软件需要此文件。

4. 像控点管理

在进行二维重建或三维重建时，用户可在添加影像后导入像控点，利用像控点提高空三的精度和鲁棒性，检查空三的精度以及将空三结果转换到指定的像控点坐标系下，提高重建结果的准确度。

大疆智图软件支持免像控数据处理，也可省去刺像控点步骤。

5. 空三质量报告

可重点关注空三质量报告中的如下几个参数，如图 3-35 所示。

（1）已校准影像　即成功参与空三运算的影像数，若校准影像数量少于导入影像数量，则说明部分影像无法参与空三计算，可能是这些影像拍摄区域全是无纹理或弱纹理区域（比如水、雪等），也有可能是这些影像拍摄的区域与其他数据的拍摄角度、分辨率差异过大。如果因为此原因导致成果部分缺失，则需要重新做外业补拍。

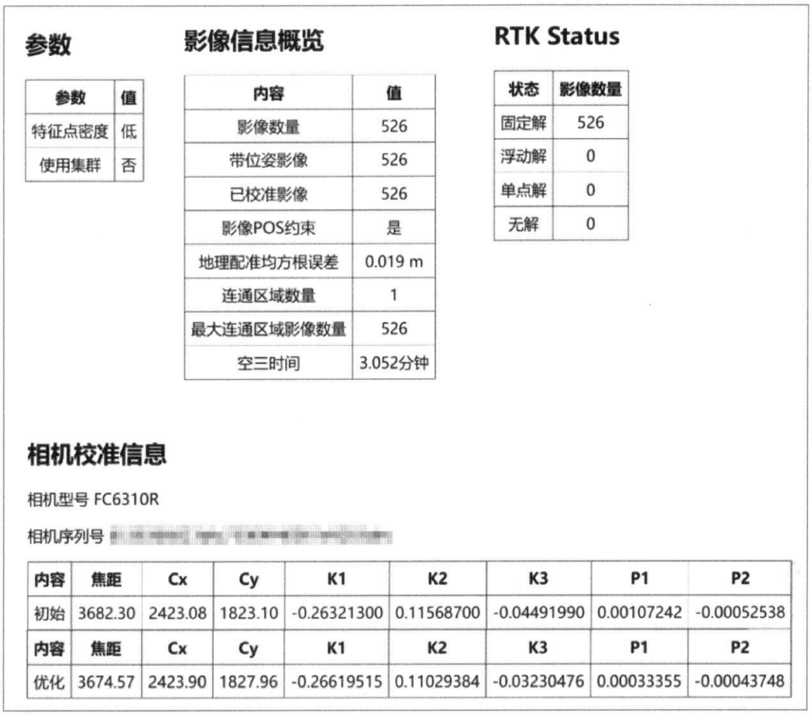

参数

参数	值
特征点密度	低
使用集群	否

影像信息概览

内容	值
影像数量	526
带位姿影像	526
已校准影像	526
影像POS约束	是
地理配准均方根误差	0.019 m
连通区域数量	1
最大连通区域影像数量	526
空三时间	3.052分钟

RTK Status

状态	影像数量
固定解	526
浮动解	0
单点解	0
无解	0

相机校准信息

相机型号 FC6310R

相机序列号 [illegible]

内容	焦距	Cx	Cy	K1	K2	K3	P1	P2
初始	3682.30	2423.08	1823.10	-0.26321300	0.11568700	-0.04491990	0.00107242	-0.00052538
内容	焦距	Cx	Cy	K1	K2	K3	P1	P2
优化	3674.57	2423.90	1827.96	-0.26619515	0.11029384	-0.03230476	0.00033355	-0.00043748

图 3-35 空三质量报告

（2）地理配准均方根误差 即解算出来的影像位置与影像中记录的位置之间的均方根误差，该参数能体现初始 POS 的相对精度，其数值越小精度越高。

（3）RTK Status（状态） 即固定解影像的数量，定位精度为厘米级。固定解影像的数量越多越好（浮点解影像的定位精度为分米级，单点解影像的定位精度为米级，无解代表无 RTK 定位解算）。如果全部是固定解影像，则能保证在 POS 坐标系统下免像控精度达到厘米级。如果固定解影像只占一小部分，则成果绝对精度会较差，需要加适当的像控点才能确保较高的成果绝对精度。

（4）相机校准信息 初始相机焦距/Cx/Cy 和空三优化后相机焦距/Cx/Cy 的对比，各项参数优化前后差异一般不超过 50pixel。若优化前后差异较大，可按如下方法排查。

1）若焦距优化前后差异较大，用于重建的影像是同一朝向的（例如全正射或全部朝向某一建筑立面），则应增加其他角度拍摄的影像（例如增加倾斜拍摄的影像）。

2）若 Cx、Cy 优化前后差异较大，应检查采集影像时是否有变换传感器朝向（例如航测采集过程中无人机掉转机头）。

三、生成二维地图

1. 二维地图参数

选择“二维地图”选项可生成数字正射影像（DOM）和数字表面模型（DSM），其界面如图 3-36 所示，各选项含义如下。

（1）分辨率 “高”为原始分辨率，“中”为原始分辨率的 1/4（即图片长和宽均为原片的 1/2），"低"为原始分辨率的 1/9（即图片长和宽均为原片的 1/3）。

（2）场景　无论是在城市还是农村进行测绘，都应选择"城市场景"。"农田场景"和"果树场景"是适配大疆农业植保机使用的，当地形有起伏时，"农田场景"和"果树场景"的重建结果可能出现错位或拉花现象。

（3）计算模式　若计算机有集群权限，则可选择"集群计算"或"单机计算"进行重建；若计算机只有单机权限，则无此选项。

2. 二维地图"高级设置"

（1）兴趣区域　用户可在添加照片后，通过选择兴趣区域进行建模，只生成兴趣区域内的建模成果可节省建模时间，提高效率。

小提示

兴趣区域建模需要在空三完成后进行。

空三完成后，单击高级设置下的"兴趣区域"选项，进入"兴趣区域"编辑界面，如图 3-37 所示。

图 3-36　设置"二维地图"参数界面

图 3-37　"兴趣区域"编辑界面

用户可通过以下四步重建兴趣区域，如图 3-38 所示。此处采用的坐标系与输出坐标系设置中的坐标系一致。

1）单击"导入 KML 文件"按钮，将 KML 文件中的点转化为兴趣区域的边界点。

2）在文框中输入兴趣区域的"纬度""经度""高度"或 XYZ 值，然后单击"应用"按钮以确定兴趣区域。

3）在"重置区域"选项处单击"自动"或"最大区域"按钮，软件将自动生成兴趣区域。"自动"是指按照空三点云分布，自动计算合适的长方体区域，"最大区域"是指覆盖所有空三点云的长方体区域。

4）进入编辑模式，然后单击地图上的位置手动添加兴趣区域的边界点，然后在"高度"文本框中输入高度值，以确定兴趣区域。

（2）输出坐标系　用户可在添加照片后设置输出坐标系，如图 3-39 所示。若照片不包含 POS 信息，则输出坐标系默认为"任意坐标系"；若已添加的照片包含 POS 信息，二维地图默认设置为该任务所处的 UTM 投影坐标系。需要注意的是，如果刺了像控点，则输出坐标系一定要与像控点坐标系保持一致，否则会出现成果与像控点坐标匹配不上的情况。

图 3-38　重建兴趣区域

可通过"导入 PRJ"文件和"搜索"自定义坐标系和
高程设置。

1)"导入 PRJ"：在空间参考坐标系查询网站下载需要
的坐标系的 . prj 文件，然后在大疆智图软件中单击"导入
PRJ"按钮将其导入。如果是自定义坐标系，可再下载一
个公开的 PRJ，然后修改目标坐标系名称、七参数、目标
椭球中央子午线、目标椭球东加常数、目标椭球北加常数
共五个参数。

2)"搜索"：单击"搜索"按钮，输入坐标系名称或
授权代号，选择对应的坐标系搜索结果，然后单击"应
用"按钮。我国常见的 CGCS2000 3 度带坐标系如图 3-40

图 3-39　"输出坐标系"界面

所示。其中，EPSG 代号为 4513~4533 为含代号的 3 度带，此投影坐标系下的 X 值都会加上
代号作为前缀，如 EPSG：4513 投影带所有的坐标，X 都是 25 开头的，共八位；EPSG 代号
为 4534~4554 为不含代号的 3 度带，此投影坐标系下的 X 值不会加上代号作为前缀。一般
情况下，如果测区较大，涉及多个投影带，则会使用带代号的投影带（EPSG：4513~
EPSG：4533）；如果测区较小，则使用不带代号的投影带（EPSG：4534~EPSG：4554）。

对于"高程设置"，大疆智图软件目前支持 Default（椭球高）、EGM96、EGM2008、
NAVD88、NAVD88（ftUS）、NAVD88（ft）、JGD2011（vertical）。

（3）分幅输出　当原始影像数据过大，生成的二维 DOM/DSM TIF 图数据量较大，导入
第三方软件无法加载或加载较慢时，可使用"分幅输出"功能，将一个大的 tif 文件规则地
裁切成若干个小的 tif 文件，如图 3-41 所示。

打开"分幅输出"功能，以像素为单位，设置"最大切块边长"，软件将会对 DOM/
DSM 成果进行如下分块裁切（以 5000px 为例），如图 3-42 所示。

EPSG	坐标系名称	经度最小	经度最大	中央子午线
国家2000的投影坐标系				
4513	CGCS200/3-degree Gauss-Kruger zone 25	73.5	76.5	75
4514	CGCS200/3-degree Gauss-Kruger zone 26	76.5	79.5	78
4515	CGCS200/3-degree Gauss-Kruger zone 27	79.5	82.5	81
4516	CGCS200/3-degree Gauss-Kruger zone 28	82.5	85.5	84
4517	CGCS200/3-degree Gauss-Kruger zone 29	85.5	88.5	87
4518	CGCS200/3-degree Gauss-Kruger zone 30	88.5	91.5	90
4519	CGCS200/3-degree Gauss-Kruger zone 31	91.5	94.5	93
4520	CGCS200/3-degree Gauss-Kruger zone 32	94.5	97.5	96
4521	CGCS200/3-degree Gauss-Kruger zone 33	97.5	100.5	99
4522	CGCS200/3-degree Gauss-Kruger zone 34	100.5	103.5	102
4523	CGCS200/3-degree Gauss-Kruger zone 35	103.5	106.5	105
4524	CGCS200/3-degree Gauss-Kruger zone 36	106.5	109.5	108
4525	CGCS200/3-degree Gauss-Kruger zone 37	109.5	112.5	111
4526	CGCS200/3-degree Gauss-Kruger zone 38	112.5	115.5	114
4527	CGCS200/3-degree Gauss-Kruger zone 39	115.5	118.5	117
4528	CGCS200/3-degree Gauss-Kruger zone 40	118.5	121.5	120
4529	CGCS200/3-degree Gauss-Kruger zone 41	121.5	124.5	123
4530	CGCS200/3-degree Gauss-Kruger zone 42	124.5	127.5	126
4531	CGCS200/3-degree Gauss-Kruger zone 43	127.5	130.5	129
4532	CGCS200/3-degree Gauss-Kruger zone 44	130.5	133.5	132
4533	CGCS200/3-degree Gauss-Kruger zone 45	133.5	136.5	135
4534	CGCS200/3-degree Gauss-Kruger CM 75E	73.5	76.5	75
4535	CGCS200/3-degree Gauss-Kruger CM 78E	76.5	79.5	78
4536	CGCS200/3-degree Gauss-Kruger CM 81E	79.5	82.5	81
4537	CGCS200/3-degree Gauss-Kruger CM 84E	82.5	85.5	84
4538	CGCS200/3-degree Gauss-Kruger CM 87E	85.5	88.5	87
4539	CGCS200/3-degree Gauss-Kruger CM 90E	88.5	91.5	90
4540	CGCS200/3-degree Gauss-Kruger CM 93E	91.5	94.5	93
4541	CGCS200/3-degree Gauss-Kruger CM 96E	94.5	97.5	96
4542	CGCS200/3-degree Gauss-Kruger CM 99E	97.5	100.5	99
4543	CGCS200/3-degree Gauss-Kruger CM 102E	100.5	103.5	102
4544	CGCS200/3-degree Gauss-Kruger CM 105E	103.5	106.5	105
4545	CGCS200/3-degree Gauss-Kruger CM 108E	106.5	109.5	108
4546	CGCS200/3-degree Gauss-Kruger CM 111E	109.5	112.5	111
4547	CGCS200/3-degree Gauss-Kruger CM 114E	112.5	115.5	114
4548	CGCS200/3-degree Gauss-Kruger CM 117E	115.5	118.5	117
4549	CGCS200/3-degree Gauss-Kruger CM 120E	118.5	121.5	120
4550	CGCS200/3-degree Gauss-Kruger CM 123E	121.5	124.5	123
4551	CGCS200/3-degree Gauss-Kruger CM 126E	124.5	127.5	126
4552	CGCS200/3-degree Gauss-Kruger CM 129E	127.5	130.5	129
4553	CGCS200/3-degree Gauss-Kruger CM 132E	130.5	133.5	132
4554	CGCS200/3-degree Gauss-Kruger CM 135E	133.5	136.5	135

图 3-40 我国常见的 CGCS2000 3 度带坐标系

图 3-41 "分幅输出"设定界面

5000px
5000px
1_1
2_1
3_1
1_2
2_2
3_2
1000px
1_3
2_3
3_3
5000px

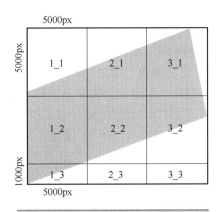

图 3-42 分幅输出示例图

小提示

1）分幅输出的成果图不会替换原来的 DOM 或 DSM 大图，两者是并存的。

2）成果图可以采用两种方式存放在对应任务中的成果文件夹下：任务名称\map\dsm_tiles；任务名称\map\result_tiles。

3）分幅输出的切块边长最小值为 1000px。

4）成果图文件尺寸大于 4GB 会带 BigTIFF 参数，小于 4GB 则无 BigTIFF 参数（部分第三方软件不支持 BigTIFF 图片，则应将分块边长设置得小一些）。

3. 二维地图文件格式及存储路径

二维地图文件默认存储路径为 C:\Users\< 计算机用户名 >\Documents\DJI\DJI Terra 账号名\<任务名称>\map\，用户可在设置中更改缓存目录。

存储路径下的成果文件列表如图 3-43 所示。

result. tif：正射影像成果文件（DOM），二维地图最主要的成果。

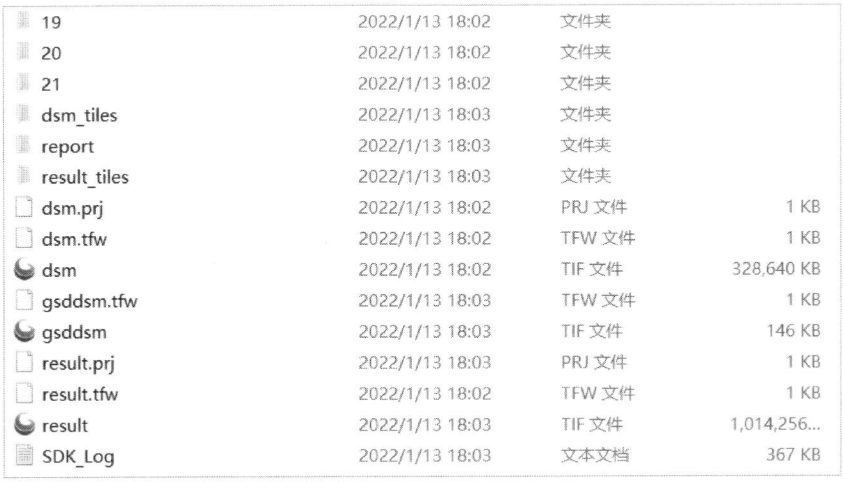

19 2022/1/13 18:02 文件夹
20 2022/1/13 18:02 文件夹
21 2022/1/13 18:02 文件夹
dsm_tiles 2022/1/13 18:03 文件夹
report 2022/1/13 18:03 文件夹
result_tiles 2022/1/13 18:03 文件夹
dsm.prj 2022/1/13 18:02 PRJ 文件 1 KB
dsm.tfw 2022/1/13 18:02 TFW 文件 1 KB
dsm 2022/1/13 18:02 TIF 文件 328,640 KB
gsddsm.tfw 2022/1/13 18:03 TFW 文件 1 KB
gsddsm 2022/1/13 18:03 TIF 文件 146 KB
result.prj 2022/1/13 18:03 PRJ 文件 1 KB
result.tfw 2022/1/13 18:02 TFW 文件 1 KB
result 2022/1/13 18:03 TIF 文件 1,014,256...
SDK_Log 2022/1/13 18:03 文本文档 367 KB

图 3-43 存储路径下的成果文件列表

dsm. tif：数字表面模型，任务区域的高程文件（DSM），每个像素均包含经纬度和高程。

gsddsm. tif：可将采样为 5m 分辨率的 DSM 在仿地飞行时导入使用。

数字文件夹（如 19~21）：地图瓦片数据，用于在大疆智图软件中展示二维模型。地图瓦片为标准瓦片，如第三方平台需要调用，根据瓦片调用规范直接调用即可。

result_tiles 文件夹：开启分幅输出后，正射影像分幅裁切结果存放文件夹。

dsm_tiles 文件夹：开启分幅输出后，高程文件分幅裁切结果存放文件夹。

成果文件夹中还会有一个 . temp 文件夹，体积一般比较大。该文件夹存放的是模型重建过程中的中间文件。如果处于重建过程中，或重建完成后还想要做新增格式、修改坐标系等额外操作，则需保留该中间文件；如果重建完成后不需要做其他操作，可手动删除该文件夹，释放磁盘空间。

4. 二维质量报告

模型重建完成后，可通过"质量报告"查看整体情况，如图 3-44 所示。在质量报告中可查看影像信息、地图信息、性能等。需要注意的是，整个二维地图时间应包括空三时间、影像去畸变及匀色、稠密化、真正射影像生成四个步骤的时间。

影像信息概览

内容	值
影像数量	236
带位姿影像	236
已校准影像	236
影像POS约束	是
地理配准均方根误差	0.018 m
连通区域数量	1
最大连通区域影像数量	236
空三时间	1.179min

地图信息概览

内容	值
真正射影像地面采样距离	0.186 m
覆盖面积	0.461816 km^2
平均飞行高度	149.065 m

性能概览

阶段	时间
影像去畸变及匀色	0.317min
稠密化	0.200min
真正射影像生成	0.383min

图 3-44　二维质量报告

四、三维建模

1. 三维模型参数设置

打开"三维模型"功能，可进行生成三维模型成果操作，其选项界面如图 3-45 所示。

（1）分辨率　"高"为原始分辨率，"中"为原始分辨率的 1/4（即图片长和宽均为原片的 1/2），"低"为原始分辨率的 1/16（即图片长和宽均为原片的 1/4）。

（2）场景

1）普通场景：适用于绝大多数场景，包括倾斜拍摄和正射拍摄的场景。

图 3-45　"三维模型"选项界面

2）环绕场景：适用于环绕拍摄的场景，主要针对细小垂直物体的重建，如基站、铁塔、风力发电机等。

3）电力线场景：适用于可见光相机拍摄电力线且只想重建电力线点云的场景。需要注意的是，电力线场景只生成点云。

（3）计算模式　若使用集群权限，则可选择集群计算进行重建，能大幅提升效率和处理规模。若只有单机权限，则无此选项设置。

2. 三维模型高级设置

（1）兴趣区域　在创建二维地图/三维模型时，用户可在添加照片后，选择"兴趣区域"进行建模，可只生成兴趣区域内的建模成果，以节省建模时间，提高效率。

需要注意的是，兴趣区域建模需要在空三完成后进行。空三完成后，选择高级设置下的"兴趣区域"选项，进入"兴趣区域"编辑界面，如图3-46所示。

重建兴趣区域的方法与二维地图中确定兴趣区域的方法一致。

（2）输出坐标系　在创建三维模型时，用户可在添加照片后，设置输出坐标系，其方法与二维地图中设置的输出坐标系的方法一致。可通过"导入PRJ"文件和"搜索"自定义输出坐标系和高程，设置方法与二维地图中的设置方法一致。

（3）成果格式　输出成果格式界面如图3-47所示。

图3-46　"兴趣区域"编辑界面

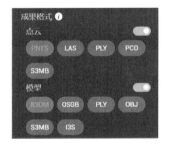

图3-47　"成果格式"界面

大疆智图软件输出的三维成果包含以下格式。

1）点云。

① PNTS：默认生成点云以在大疆智图软件中显示（LOD点云格式，适合在Cesium中显示）。

② LAS：ASPRS LASer，三维点云格式，V1.2版本。

③ S3MB：超图LOD点云格式。

④ PLY：非LOD点云格式。

⑤ PCD：非LOD点云格式。

2）模型。

① B3DM：默认生成点云以在大疆智图软件中显示（LOD模型格式，适合在Cesium中显示）。

② OSGB：LOD模型格式。

③ PLY：非LOD模型格式。

④ OBJ：非 LOD 模型格式。

⑤ S3MB：超图 LOD 模型格式。

⑥ I3S：LOD 模型格式。

LOD（Level Of Detail）是多层次细节模型，以金字塔形式存储模型，将模型用若干很小的瓦片进行存储。一般情况下，LOD 形式的模型浏览起来会更快。

设置相关参数后，开始重建。

3. 三维模型文件格式以及存储路径

三维模型结果文件默认存储路径为 C：\Users\＜计算机用户名＞\Documents\DJI\DJI Terra 账号名\＜任务名称＞\models\pc\0，可在设置中更改缓存目录，也可在"重建"界面使用快捷键＜Ctrl+Alt+F＞打开当前任务的文件夹。

勾选了的格式，一般成果文件夹就会以 terra_×××（×××表示模型格式）命名一个文件夹来存放该格式的成果，文件列表如图 3-48 所示。如 terra_osgbs 文件夹存放的是 osgb 格式的三维模型。

.temp	2022/2/1 15:05	文件夹
report	2022/2/1 15:05	文件夹
terra_b3dms	2022/2/1 15:05	文件夹
terra_las	2022/2/1 15:05	文件夹
terra_osgbs	2022/2/1 15:05	文件夹
terra_pnts	2022/2/1 15:05	文件夹

图 3-48　三维成果文件列表

成果文件夹中还会有一个 .temp 文件夹，其体积较大。该文件夹存放的是模型重建过程中的中间文件。如果处于重建过程中，或重建完成后还想要做新增格式、修改坐标系等额外操作，则需保留该中间文件；如果重建完成后不需要进行其他操作，则可以手动删除该文件夹以释放磁盘空间，不会对成果产生影响。

影像信息概览

内容	值
影像数量	205
带位姿影像	205
已校准影像	205
影像POS约束	是
地理配准均方根误差	0.715 m
连通区域数量	1
最大连通区域影像数量	205
空三时间	1.384 min

参数

参数	值
重建场景	普通
分辨率	高
使用集群	否

成果

成果列表
B3DM 文件
PNTS文件
OSGB 文件
LAS 文件

性能概览

内容	值
MVS时间	15.382 min
MVS分块数量	1

图 3-49　三维质量报告

4. 三维质量报告

模型重建完成后，可查看质量报告的整体情况，如图 3-49 所示，可从质量报告中查看各项参数设置信息。需要注意的是，三维模型重建包括空三和 MVS 两大步骤，如果要统计三维建模的时间，需要把空三时间和 MVS 时间相加。

任务评价

将学生完成任务的情况及评分填入表 3-5 中。

表 3-5　使用大疆智图软件进行测量数据处理评价表

序号	内容	要求	分值	评价			得分
				学生自评	学生互评	教师评价	
1	职业素养	文明礼仪	5				
2		安全纪律	10				
3		行为习惯	5				
4		工作态度	5				
5		团队合作	5				
6	航线规划	作业前准备充分且规范	10				
7		二维影像处理过程符合规范要求	25				
8		三维建模符合规范要求	25				
9	成品质量	成品符合质量要求	10				
综合评价							

 任务拓展

一、集群重建

1. 功能简介

集群重建即利用多台计算机同时处理一个任务，其重建任务规模大，处理效率可成倍提升。集群重建的基本流程：子节点打开集群计算引擎→主节点做集群控制管理，勾选参与计算的节点→重建时在"计算模式"下选择集群重建→按照常规的二维/三维模型开展重建任务。

2. 主节点和子节点

1）主节点：运行大疆智图软件集群版桌面端的设备即为主节点，可进行集群重建设置、选择子节点、查看重建任务状态等操作。主节点是整个重建任务的调度平台，与重建相关的任务管理均在主节点上完成。集群版的 License（许可文件）权限是绑定在主节点设备上的，子节点可任意更换，主节点如需更换，需要走售后解绑流程。

2）子节点：在局域网中打开了集群计算引擎，可由主节点为其分配重建任务的其他设备。

3. 子节点操作

子节点即为计算引擎，子节点相关程序将在安装大疆智图软件时自动安装，用户可在安装目录下的"Cluster"文件夹中或"开始"→DJI Product 中找到子节点程序 DJITerra-Engine. exe 安装文件。子节点程序启动后如图 3-50 所示。

（1）本地临时存储目录　用于子节点计算时的临时存储。请将该目录设置在子节点设备的本地目录，并确保有足够的磁盘空间。如果主节点设备也开启了一个子节点，为避免读写冲突，不要把本地临时目录与共享存储目录设在同一位置。

（2）开启/ 停止　集群重建时需开启子节点才能被同一局域网下的主节点搜索到并使用。

（3）日志　子节点日志打印窗口，若主节点无报错提示，可忽略过程日志。

（4）语言切换　单击界面右上方的语言按钮可切换不同的语言。

图 3-50 子节点程序启动界面

（5）开机自动启动 开启此功能后，计算机开机时会自动启动此子节点程序。

（6）一机多开 当计算机配置较高时，可用一台计算机同时打开多个子节点，集群重建效率能得到较大提升。一机多开时，对计算机显存和内存的搭配有一定的要求。如集群中最弱的子节点显存为 4G，最强子节点的显存为 12G，且最强计算机的内存也大于最弱计算机内存的 3 倍，则可以在最强节点计算机上同时打开 3 个子节点。

4. 主节点操作

确保已完成集群版许可证书兑换、导入，离线登录操作后，在大疆智图软件主界面单击"集群重建列表"按钮，可进入集群重建设备列表。只有绑定了集群版的设备才能看到此图标，只有单机版权限的设备，则无法看到此图标。

小提示

1）图片路径和共享文件路径需在同一台存储设备上，共享文件存储目录和重建时添加照片的目录必须为同一类型路径，如都是网络路径或都是盘符路径。

2）当使用盘符路径作为共享文件存储目录时，子节点设备上对该网络位置的映射盘符必须与主节点设备保持一致，如在主节点设备上为 Z 盘，则在子节点设备上也应全部映射为 Z 盘。

5. 局域网子节点设备列表

进入列表后，软件会自动搜索当前局域网下所有已开启的子节点，列表中将显示搜索到的局域网子节点计算机名、状态及算法版本，单击可刷新子节点搜索结果及状态。关于如何开启子节点，详见后文的子节点操作。

（1）计算机名 显示子节点设备的计算机名称。

（2）状态 显示子节点当前的状态（空闲或忙碌）。当状态为空闲时该子节点可被勾选为工作节点。

（3）算法版本 显示子节点的算法版本号，字以蓝色显示表示版本号与主节点一致，字以红色显示表示不一致。只有子节点算法版本号与主节点一致，才能将该子节点勾选为工作节点。

（4）工作节点 勾选序号前的方框即选择该子节点作为工作节点，在集群重建时可使用该子节点进行重建。设置完成后，单击"应用"按钮保存设置。集群版软件授权只会绑定主节点，子节点可任意更换。授权台数指的是此处主节点能同时勾选节点设备的台数。例如用户购买了 3 个节点的集群，即使此处能搜索到 10 台子节点设备，也只能勾选其中 3 台设备参与重建计算。

6. 集群重建流程

1）在子节点设备上打开 DJITerraEngine.exe 安装文件，设置本地存储目录，开启集群计算引擎，确保各子节点设备能与主节点设备进行网络通信，每个子节点均能访问共享存储目录。

2）在主节点设备上打开集群管理界面，设置共享存储目录，并勾选参与计算的子节点。

3）按照二维/三维模型重建的流程开始重建，在"计算模式"下选择"集群计算"。"空三""二维地图""三维模型"可分别设置是否使用集群计算。

4）在"重建任务管理"中查看任务进度及子节点设备状态。

5）若未勾选"成果拷贝至主节点"，但在集群重建完成后仍然保持与共享文件存储目录的连接，则可在大疆智图软件上查看重建结果，并在相应文件夹内查看结果文件。若勾选了"成果拷贝至主节点"，则可直接在大疆智图软件上查看重建结果，无须保持与共享文件存储目录的连接，并可在主节点设备上的缓存目录中查看结果文件。"成果拷贝至主节点"选项界面如图 3-51 所示。

图 3-51 "成果拷贝至主节点"选项界面

二、第三方设备影像及 POS 数据导入

大疆智图软件为了能更好地兼容第三方数据，需要对其数据进行预处理。

（1）未区分相机型号　使用第三方五镜头相机/三镜头相机负载，如果这些相机未区分相机型号（即所有照片的相机型号属性都是一样的），且相机内部参数没有以 XMP 形式写入照片，则需要对照片做以下预处理。

以五镜头相机为例，将采集的照片以每个镜头为单位分别存放在 5 个文件夹内，再全选每个文件夹的影像，单击鼠标右键选择"属性"命令，在弹出的对话框中单击"详细信息"选项卡，双击"照相机型号"右侧的文件框，进入编辑模式，输入数字或字母，分别在 5 个文件夹内修改所有照片的"照相机型号"，不可重复。例如可将不同相机的"照相机型号"分别设置为 1、2、3、4、5 或 A、B、C、D、E，如图 3-52 所示。

（2）未定义"35mm 焦距"参数　对于第三方设备未定义"35mm 焦距"参数的影像，可定义该参数，以提升重建效率和效果。将所有影像存储在一个文件夹下，全选照片，单击鼠标右键，选择"属性"命令，在弹出的对话框中单击"详细信息"选项卡，双击"35mm 焦距"右侧的文本框，进入编辑模式，输入正确的 35mm 等效焦距，如图 3-53 所示。

（3）未将 POS 数据写入照片　某些第三方相机没有将 POS 数据写入照片，可使用影像 POS 导入功能，将 POS 数据与照片对应。影像 POS 数据记录了影像的地理位置、姿态以及其他定位辅助信息，准确的影像 POS 数据可提高重建速度及成果精度（大疆无人机及大疆负载，如 P4R、P1 等采集的数据，都已将 POS 数据写入照片，无须执行此步骤）。

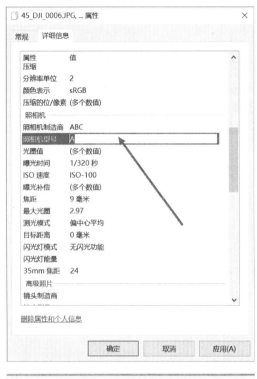

图 3-52　照相机型号分类

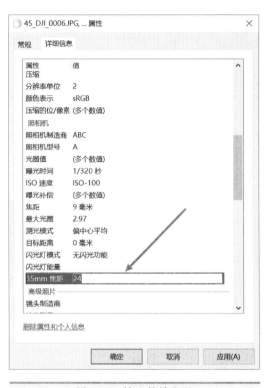

图 3-53　输入等效焦距

（4）影像 POS 数据导入操作流程

1）数据格式要求。大疆智图软件支持导入 .txt 和 .csv 格式的 POS 数据。数据信息至少包含照片名称（需为绝对路径，并带 .jpg 后缀）、纬度（X/E）、经度（Y/N）、高程（Z/U），有些还带有无人机的姿态数据，如图 3-54 所示。

.txt 格式文件可以使用逗号（,）、点（.）、分号（;）、空格、制表符作为列分隔符，且确保 POS 数据中的照片名称与导入数据的影像名称对应且唯一。

在导入 POS 数据的过程中为防止格式有问题，可以先导入大疆产品拍摄的影像，再通过导出 POS 功能将其 POS 数据导出；通过修改导出文件的方法将第三方的 POS 数据同时写入其中，再导入大疆智图软件。

2）POS 数据导入。在"影像 POS 数据"右侧单击"导入 POS 数据"按钮，如图 3-55 所示，选择需要导入的 POS 数据文件。需要注意的是，如果影像本身不带 POS，导入 POS 数据后软件界面也不会显示 POS 点位，但在重建时会使用导入的 POS 数据进行重建。如果影像本身带 POS，导入、转换后会覆盖原有 POS 数据。

导入完成后，在"影像 POS 数据"右侧单击"查看 POS 数据"按钮检查 POS 数据是否正常导入，如图 3-56 所示。

3）坐标转换，如果需要地方坐标系的成果，可对影像自带的 POS 数据进行坐标转换，可在"影像 POS 数据"右侧单击"导出 POS 数据"按钮，将影像的 POS 数据导出，使用第三方坐标转换工具（如 Coord）转换后再导入。

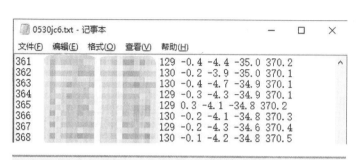

图 3-54 .txt 格式的 POS 数据信息

图 3-55 导入 POS 数据界面

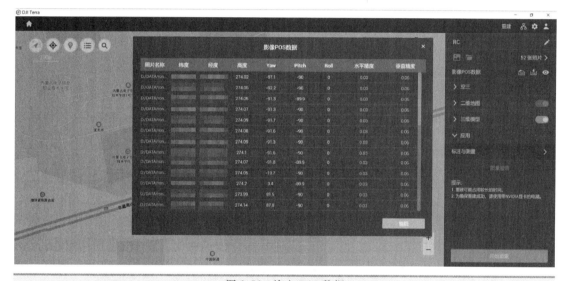

图 3-56 检查 POS 数据

（5）使用 PPK 解算文件

1）例如，Phantom 4 RTK 无人机可使用遥控器 App 中的云 PPK 服务进行 PPK 解算，大疆智图软件可自动识别云 PPK 解算文件，其操作流程如下：

① 将名为 result. csv 的 Phantom 4 RTK 云 PPK 解算文件复制到照片文件夹中。

② 新建任务，添加照片。

③ PPK 解算文件中的 POS 数据将随照片自动导入软件，单击"影像 POS 数据"右侧的查看 PPK 解算文件中的 POS 数据，并进行编辑。

④ 如需使用照片本身的 POS 数据进行重建，则需在添加照片前将 PPK 解算文件从存储照片的文件夹中删除。

2）大疆禅思 P1 相机以及其他第三方负载可使用第三方 PPK 解算软件进行解算，得到解算文件后，再使用 POS 数据导入功能导入影像 POS 数据。

PPK 解算完成后，固定解的影像可将 POS 水平精度设置为 0.03m，垂直精度设置为 0.06m，这样能大幅提升处理效率和精度。

三、第三方数据像控点处理

1. 文件准备

使用像控点功能前，应先准备像控点文件，如图 3-57 所示。需要注意的是，如果是投影形式的像控点，X 指的是正东方向的值，一般是 6 位数或 8 位数；Y 指的是正北方向的值，一般是七位数，不要将 X、Y 弄反。

名称	维度	经度	高程
1	22.59686612	114.593574	38.85
2	22.58412646	114.684524	39.08
3	22.49215462	114.978415	38.98
4	22.48551255	115.245175	39.18
5	22.51321425	115.643951	39.09
6	22.15422547	115.946224	37.08

名称	X	Y	H
CT1	493624.0909	3620675.008	3757.1
CT2	495997.8491	3618757.585	3979.2
CT3	499608.2496	3620650.938	3876.3
CP1	504357.0018	3625387.766	4401.1
CP2	505165.3541	3625945.618	4321.1
CP3	505951.0078	3626426.287	4281.1

图 3-57　像控点文件

单击"像控点管理"按钮，进入像控点管理界面，如图 3-58 所示。该界面主要包括像控点列表、像控点信息、照片库、空三视图和刺点视图。在选择照片库中的影像后，刺点视图将出现在空三视图左侧，如图 3-58 所示。可在此界面中添加像控点、刺点，进行空三解算及优化。

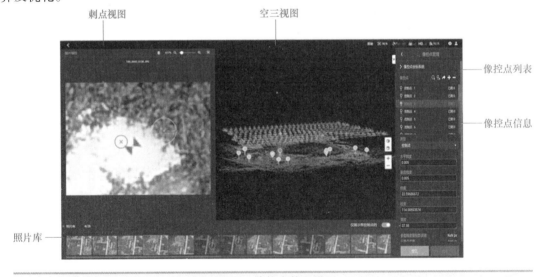

图 3-58　像控点管理界面

2. 像控点导入

导入像控点文件前，应先选择像控点的坐标系及高程。如果 POS 高程为椭球高，像控点高程为 85 高程；或者像控点使用的是地方坐标系，则应将坐标系选择为"任意坐标系"。

在像控点列表中单击"导入像控点文件"按钮，将像控点文件导入。如果是通过其他设备刺像控点，可以将整个刺点文件导出，再单击"导入刺点文件"按钮，导入 .json 格式的刺点文件。

3. 刺点优化

刺像控点是把外业采集的像控点的地理坐标与看到这个点的照片相关联的过程，如图 3-59 所示。

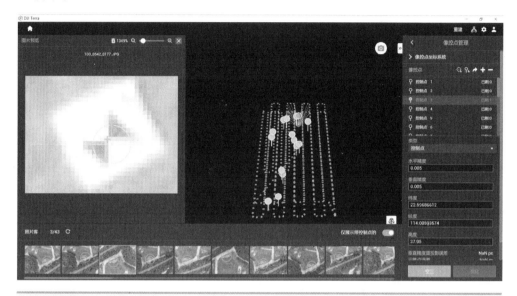

图 3-59　刺像控点操作

在进行刺像控点操作前，建议先单击"空三"按钮，对影像进行空三处理。进行过空三处理后，像控点预测位置将更加准确。也可以不进行空三处理而直接刺像控点，但像控点预测位置会不准确，需要多花时间查找点的位置。

建议在一个测区至少使用 5 个分布均匀的控制点，单个控制点的刺点影像不少于 8 张（若为五镜头的数据，建议每个镜头的刺点影像不少于 5 张），影像位置尽可能分散，且刺点点位要避开影像边缘。当新加入照片的预测位置与实际位置基本一致时，该像控点无须再刺点。

所有像控点刺点完成后，单击"优化"按钮，进行空三优化解算，完成后将生成空三质量报告，左侧区域的空三也将更新为优化后的结果。空三质量报告中重点关注控制点或检查点的误差及整体误差，如误差过大，则精度不合格，需要对误差较大的点重新刺像控点或增加像控点数量。

4. 影像 POS 约束

如果 POS 与像控点在同一个坐标系及高程下，建议打开此功能，这样会大幅提升模型的重建效率和精度。

如果使用了地方坐标系或 85 高程的像控点，建议像控点的坐标系设置为"任意坐标系"，打开"影像 POS 约束"功能。

如果使用地方坐标系且制作了地方坐标系的 PRJ 文件，可采用导入 PRJ 形式定义像控点坐标系，建议关闭"影像 POS 约束"功能。

四、使用 PIX4D 软件进行测量数据处理

本拓展任务主要是使用 PIX4D 软件处理大疆精灵 4 RTK（P4R）采用免像控处理流程生

成的 DOM 和 DSM，为产生高精度结果，也可以采用标记像控点处理流程。

1）使用 PIX4D 进行数据处理的流程如图 3-60 所示。

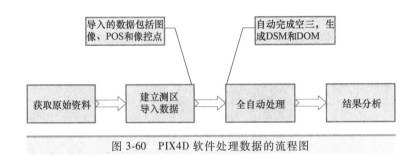

图 3-60　PIX4D 软件处理数据的流程图

2）PIX4D 软件的操作流程如图 3-61 所示。

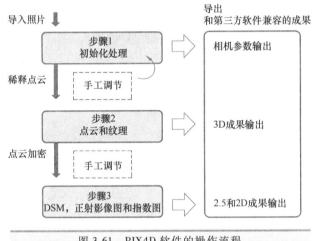

图 3-61　PIX4D 软件的操作流程

 知识链接

一、空三

空三是指摄影测量中利用影像与所摄目标之间的空间几何关系，通过影像点与所摄物体之间的对应关系计算出相机成像时刻相机位置姿态及所摄目标的稀疏点云的过程。处理空三后能快速判断原始数据的质量是否满足项目交付要求以及是否需要增加或删减影像。

二、免像控技术

我们知道，像控点的次要作用是为了获取准确的地理位置信息，采用像控技术耗费大量的工作量，也是用于获得精准的地理位置信息，而采用免像控技术可以极大地减少这一工作量。免像控技术的优势是外业无须布设像控点，从而缩短了外业时间，使人员设备更加安全；空三也无须刺像控点，从而使空三时间也缩短了。

那无人机可以提供高精度的地理位置信息是不是就可以做到免像控？答案能否定的。想做到免像控仅提供高精度的地理位置信息是不够的。市面上有很多搭载 RTK 模块的无人机，但是它们做不到免像控，这是由于 RTK 模块得到的精准定位数据是模块本身的，而我们需要的是照片的数据，因此还要停止数据同步。数据同步要考虑无人机当时的姿态及 RTK 模块与相机模块的地理位置关系。除此之外，还要考虑照片记录的定位数据是拍照瞬间的数据。只有完成定位系统与飞控、相机与 RTK 的时钟系统微秒级同步，并对相机镜头光心的地理位置和 RTK 天线中心点地理位置停止了补偿，减少了地理位置信息与相机的时间误差，为影像提供更准确的地理位置信息，才能满足免像控要求。

三、影响数据质量的因素

影响数据质量的因素有以下三个方面。

1. 像控点目标的选取

在进行外业像控点测量时，目标点的选取主要取决于影像纹理的丰富程度。影像纹理弱，地形地势不佳，将直接影响外业目标点的选取精度，进而影响内业刺像控点，从而降低成图精度。

2. 相机质量

相机物镜存在色差和畸变差，畸变差会使被摄物体与影像之间不能保持精确的相似性，造成影像几何变形。

3. 飞行控制技术

无人机在航拍时受气流、风力、风向影响较大，因此飞行时的航偏角、俯仰角、翻滚角等姿态角变化较大，会影响数据质量。

四、提高无人机航测精度的方法

1. 提高像控点精度

1）使用 GPS 测量像控点的精度较高，误差小于 5cm，能够满足大比例尺测图的技术要求。采用先布设像控点再航拍的方法，内业转点精度可提高至 1.5 像素以内，可将像控点精度提高至 0.1m，同时也能解决像控点布设不均匀问题。

2）避免选择有两面绝对对称的物体（形状和纹理都对称），如单色立方体或对应面纹理一样的立方体。

3）场景中避免有移动的物体存在，要保证被拍摄的背景环境是不变的。

4）避免选择绝对平坦的物体（如平口盘子等）作为像控点；避免选择绝对平坦的背景，背景要有层次感，背景颜色也不要选择单色，最好是内容丰富的图案。除了被合成的物体外，画面前景中不要有无效物体。

2. 相机的合理选择与设置

1）相机的合理选择。在建模的过程中，需要知道相机传感器的尺寸。传感器一般是 CCD 或 CMOS，CCD 或 CMOS 面积越大，捕捉的光子越多，感光性能越好，信噪比越高。传感器尺寸越大，感光面积越大，成像效果越好。1/1.8in 的 300 万像素相机效果通常好于 1/2.7in 的 400 万像素相机（后者的感光面积只有前者的 55%）。尽量选择高分辨率的单反相机，建议 2000 万像素以上。避免使用广角鱼眼镜头，最好选择定焦镜头。如果使用变焦镜头，应将镜头焦距设置成最大或最小值。

2）航测任务开始前需先对测区地面进行测光，以避免因相机参数设置错误导致影像模糊、欠曝、过曝等情况发生。

3）提高相机畸变参数精度：一是建立三维控制场，及时检测无人机航拍前、后的相机畸变参数；二是固定相机镜头，减小相机畸变参数变化对加密成果的影响。

4）拍摄参数的设置。拍摄前进行调试，选用最合适的快门、光圈、ISO，参数的设置须满足不出现运动模糊的要求。各参数的相同点：都可以调节曝光的明暗度，光圈大、ISO 高、快门速度慢都会使影像曝光过度；不同点：光圈可调节景深，小光圈景深大，大光圈景深小，景深无法通过 ISO 来控制，这就是光圈和 ISO 的区别。ISO 除了可进行明暗调节，还有一个特点是影响画质，ISO 高，画质就会降低，因此提高 ISO 在几个参数里是最后考虑的。相机快门速度的选取和天气有着密切的关系，当光线条件不好时，应尽量减慢快门速度。另外，ISO 越小，相片质量越好，因此在正确曝光的前提下，应尽可能使 ISO 较小。

3. 进行合理飞行，提升数据质量

（1）拍摄天气的选择　影像曝光过度或不足、影像的重影、散焦与噪点，将严重影响三维建模的质量。为了避免这类曝光问题，在外出航拍时应提前查看天气预报，选择光线充足的天气进行拍摄。在多云的天气拍摄比大晴天更好，因为多云天气光照柔和均匀，有利于拍摄。当然，也可以通过安装滤镜模仿这种效果，减少由于地面反光、眩光造成的合成效果差。在光线不足的情况下，可手动设置相机参数，增大光圈值或提高 ISO 值，也可降低快门速度。拍摄过程中要适时调整相机参数，以适应较长的时间跨度。如果必须在晴天拍摄，最好选择中午前后，使阴影区域最小化。

（2）飞行高度的控制　无人机离地面越近，GSD 数值越小，精度越高。对地面起伏变化大的地区，选取合适的飞行高度对提高模型精度也是相当重要的。在相机参数不变的情况下，无人机飞行高度（曝光点到地物的高度）是决定模型精度的关键因素。在满足精度要求的前提下，应选择更高的飞行高度。更高的飞行高度可以让单个图像覆盖更多的区域，可以提高无人机采集的效率。如精度要求较高，可根据无人机影像采集设备参数，选择合适的飞行高度，此时飞行高度越低，模型精度越高，但采集的效率越低。

（3）重叠度的影响　模型重建要求连续影像之间的重叠部分应该超过 60%，物体同一部分的不同拍摄点间的分隔应该小于 15°。按规划航线拍摄时，建议采集航向重叠度 75% 以上、旁向重叠度不小于 70% 的影像。为实现更好的拍摄效果，建议同时采集垂直和倾斜影像，并同时用小无人机低空采集高空相机拍不到的死角。增加旁向重叠度是让图像获得更好匹配的最简单的方法，但是它会降低无人机的飞行效率。在航线规划期间增加航向重叠度，可以让相机更快地拍照，从而增加航线上拍摄的次数，但是受快门、RTK、存储空间的影响，会限制最大的飞行速度。

（4）坐标纠正　在我国拍摄，应打开坐标纠正。若关闭坐标纠正，平面坐标会偏移几百米。在国外拍摄，坐标纠正默认关闭；若打开坐标纠正，平面坐标会偏移几百米。

（5）穿越航线　原则上各相邻的平行航线需要有一到两条穿越航线进行垂直穿越，以用来在后期的数据处理中保证航线的精确连接。

项目总结思维导图

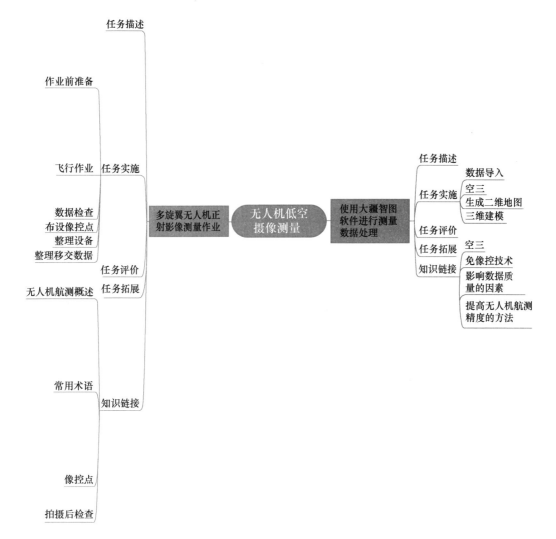

思考与练习

一、选择题

1. 多旋翼无人机操作简单，性能可靠，价格价廉，促进了摄影测量的（   ）发展，让测绘的效率大幅度（   ），成本大幅度（   ）。

    A. 平民化、下降、增加   B. 高端化、下降、下降

    C. 平民化、提高、下降   D. 高端化、下降、下降

2. （   ）是对航空像片进行各种几何纠正和地理定位的重要数据源，可以（   ）

成图精度和质量。

  A. 地面控制点（GCP）、提高　　　　B. 畸变参数、提高

  C. 地面控制点（GCP）、降低　　　　D. 畸变参数、降低

3. 三维重建是通过（　　）图像进行图像（　　）提取匹配、稀疏重建、稠密重建、点云模型化和纹理映射等处理，得到目标区域的精细三维模型。

  A. 多视角、边缘　　　　　　　　　B. 垂直视角、特征

  C. 多视角、特征　　　　　　　　　D. 垂直视角、边缘

4. 正射影像的特点是每个像素都具有（　　），逐像素纠正〔看不到建筑物（　　）面〕，可（　　）。

  A. 经纬度坐标、立、三维浏览　　　B. 经纬度坐标、顶、测量

  C. 三维坐标值、顶、量测　　　　　D. 经纬度坐标、立、量测

5. DEM 的中文名称是（　　）。

  A. 数字表面模型　　　　　　　　　B. 数字栅格图

  C. 数字线划图　　　　　　　　　　D. 数字高程模型

6. POS 是指（Position and Orientation System）定位定向系统，是基于（　　）和（　　）的，可直接测定影像外方位元素。

  A. 全球导航卫星系统（GNSS）、导航系统（NSS）

  B. 导航系统（NSS）、惯性测量单元（IMU）

  C. 全球导航卫星系统（GNSS）、惯性测量单元（IMU）

  D. 移动测量系统（MMS）、惯性测量单元（IMU）

7. 多旋翼无人机航空摄影数据采集一般分为（　　）数据采集和（　　）数据影像采集。

  A. 正射影像、倾斜摄影　　　　　　B. 航带影像、航点影像

  C. 正射影像、航带影像　　　　　　D. 三维重建、航带影像

8. 在无人机摄影测量中，GSD 为（　　）。

  A. 地面采样距离　　　　　　　　　B. 比例尺

  C. 图像分辨率　　　　　　　　　　D. 地面实际距离

9. 比例尺 1∶1000 代表地图上 1m 表示实际（　　）。

  A. 100m　　　　B. 1000m　　　　C. 100cm　　　　D. 0.001m

10. 进行航测作业时，地形起伏会影响（　　），导致后期合成失败。

  A. 航速　　　　B. 重叠率　　　　C. 高度　　　　D. 覆盖面积

二、判断题

1. 目前常用的航测无人机主要有固定翼无人机和多旋翼无人机两类。　　　　（　　）

2. 固定翼无人机因其续航时间长、抗风性能好、拍摄幅面广等优点，常用来拍摄小范围区域。　　　　　　　　　　　　　　　　　　　　　　　　　　　　　　（　　）

3. 无人机航测数据经数据处理软件处理后可获得的摄影测量 4D 产品为 DEM、DOM、DLM 和 DRM。　　　　　　　　　　　　　　　　　　　　　　　　　　　（　　）

4. 无人机在飞行过程中，摄影物镜相对于平均海平面的垂直距离称为绝对航高。

（　　）

5. 在高建筑密集区域，航向、旁向重叠度最多可为 80%～90%。（　　）

6. 摄影比例尺越大，像片地面分辨力越高，成图精度越低。（　　）

7. 依据制作方法，像控点可分为标靶式和喷涂式（喷漆式、涂漆式），对于铁路或者黄土地这种测区，应尽可能选用标靶式像控点。（　　）

8. RTK 技术即载波相位差分技术，是能实时得到厘米级定位精度的测量方法，可极大提高作业效率。（　　）

9. 可根据公式 $H=36.5 \times GSD \times 100$ 大致确定合适的飞行高度，考虑地形的起伏，建议设置的飞行高度不大于计算出的 H。如 $GSD=2.74\text{cm}$ 时，$H \approx 100\text{m}$。（　　）

10. 相邻航线间的影像重叠称为航向重叠。（　　）

三、简答题

1. 简述无人机航测系统的组成。

2. 简述多旋翼无人机正射影像测量作业流程。

3. 无人机航测的定义是什么？

4. DEM、DOM、DLG 和 DRG 分别指什么？

5. 简述三维重建的基本流程。

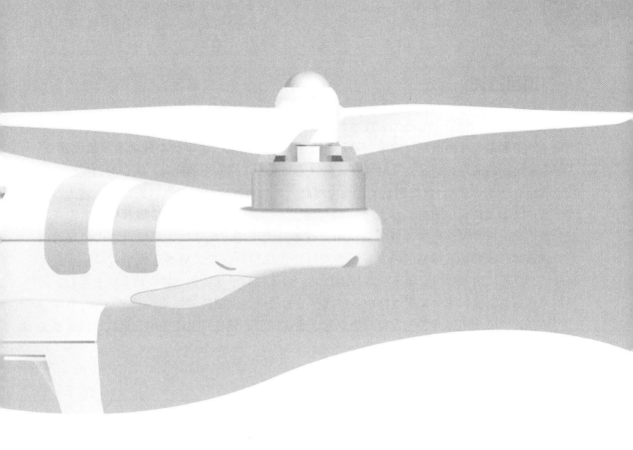

项目4

架空输电线路无人机精细化巡检及缺陷识别

项目描述

输电线路是一种传送电能的装置，起到联系发电厂、变电所与用电设备的作用，分为架空输电线路和电缆线路两种。输电线路是电力工业的大动脉，是电力系统的重要组成部分。为掌握输电线路的运行状况，及时发现设备缺陷和威胁线路安全的问题，需要对输电线路进行巡视检查（简称巡检）。特别是架空输电线路，其分布很广，并长期露天运行，遭受各种气候条件（如暴风雨、雷电、冰雪等）的侵袭，还受其他外力（如农田耕种机械撞击杆塔或拉线基础、树竹倾倒碰撞导线、线路附近修建施工取土、风筝挂在导线上造成相间短路等）的破坏，极易造成线路故障。若不能及时发现故障并处理，势必引发事故。一旦发生事故，会造成人力和物力资源不同程度的损失。因此，为了保证架空输电线路安全运行，需要加强线路的巡检，随时发现线路中各组成部分的故障，以便及时维修。

本项目主要使用多旋翼无人机对架空输电线路杆塔、导线、绝缘子串、地线、接地装置等部分进行精细化巡检及缺陷识别。

学习目标

1. 素养目标

（1）遵规守纪、爱岗敬业。

（2）培养正确的劳动态度，弘扬劳动精神、奋斗精神。

（3）具有团队协作精神。

（4）培养学生的质量意识、环保意识和安全意识。

2. 知识目标

（1）掌握架空输电线路的基本组成。

（2）掌握杆塔的分类。

（3）了解导线、绝缘子、线路金具、杆塔基础和接地装置。

（4）了解无人机输电线路巡检常搭载的任务设备。

（5）掌握架空输电线路巡检作业的基本要求、拍摄原则、拍摄部位及技术要求。

（6）了解拍摄部位图片的命名格式。

（7）掌握导地线、附属设备、杆塔本体、杆塔基础、接地装置、金具、绝缘子及通道环境的常见缺陷及诊断标准。

3. 能力目标

（1）具有分析问题和解决问题的能力。

（2）能正确使用计算机处理巡检文档，主动查阅架空输电线路巡检相关资料和标准。

（3）能手动熟练操控无人机及相关任务设备完成架空输电线路巡检任务。

（4）能依据缺陷判断标准，诊断架空输电线路导地线、附属设备、杆塔本体、杆塔基础、接地装置、金具、绝缘子及通道环境的缺陷。

任务1　单回直线上字塔无人机精细化巡检

任务描述

本任务是用多旋翼无人机对单回直线上字塔（图4-1）各个组成部分进行精细化巡检，并把巡检照片归档和重命名后移交给数据处理员。

图4-1　单回直线上字塔

任务实施

一、检查设备

检查巡检所用设备（包括多旋翼无人机的机身、螺旋桨、平板、遥控器、摄像机等）是否有磨损和损坏；查看所携带的电池是否都充满电；开机试飞，查看电动机、电调、电路板、飞控板是否能正常使用，无人机是否能稳定飞行；检查自己的工作服、工作帽以及工作票是否带齐。

二、观察周围环境

打开手机上的"两步路户外助手"软件，导航至所需巡检的塔附近，观察周围是否有信号塔、高架道路、河流、机场、铁路等。为确保飞行安全，在信号塔、变电站、变压器等有疑似干扰物体附近应谨慎飞行，也不要跨江河、高架道路、高速公路等进行超视距飞行，严禁在机场、公园、自然保护区等禁飞区附近飞行，具体情况按照飞行安全规定执行。飞行前选择安全的起飞点，尽量保证其上方无障碍物，飞行时先将无人机飞至安全高度再飞向任务点进行作业。

三、设置飞行软件

打开 DJI Pilot 软件，进入"手动飞行"控制界面（图4-2a）进行设置，检查指南针、IMU、电调、视觉传感器、云台、电池等状态是否正常，摇杆模式设置是否与自己操纵习惯相同，如平常操纵习惯采用"美国手"模式，则将摇杆模式设置为"美国手"，以避免操作失误，如图4-2b所示。

a) 飞行器连接界面

b) 摇杆模式设置

图 4-2　设置飞行软件

对飞控参数进行设置，主要设置"限高""限远""失控行为""电机紧急停机方式"。根据当地实际地形环境设置"限高"和"限远"，例如周边比较空旷，视野比较好，"限远"参数值可以设置得大些。为了保证安全，可将"失控行为"和"电机紧急停机方式"分别设置为"悬停"和"不允许空中停机"，如图4-3所示。

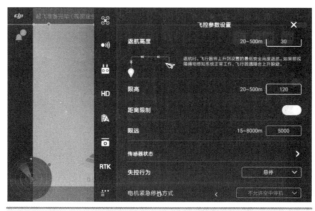

图 4-3　飞控参数设置

在进行完以上操作且各项都正常后，准备起飞。

四、任务飞行

单回直线上字塔的巡检部位及顺序是塔全貌、塔号牌、塔基、A 相导线

任务飞行

端挂点、A 相绝缘子串、A 相横担挂点、B 相导线端挂点、B 相绝缘子串、B 相横担挂点、左地线、右地线、C 相横担挂点、C 相绝缘子串、C 相导线端挂点、小号侧通道、大号侧通道，如图 4-4 所示。

（1）塔全貌　无人机从杆塔远处且高于杆塔位置俯视拍摄，杆塔完全在影像画面中，主体上、下占比不低于全幅图的 80%，能够清晰分辨塔材和杆塔角度。

（2）塔号牌　无人机镜头平视或俯视拍摄，能清晰看见塔号牌（相序牌、警示牌）上的字，如图 4-5 所示。

（3）塔基　走廊正面或侧面面向塔基俯视拍摄，能够看清塔基附近地面情况及拉线连接情况，如图 4-6 所示。

（4）A 相导线端挂点　无人机面向金具锁紧销安装侧平视或俯视拍摄所有金具，能够看清螺栓、螺母、销等零件及防振锤，当有相互遮挡时，应采取多角度拍摄，且每张照片至少包含一片绝缘子伞裙，如图 4-7 所示。

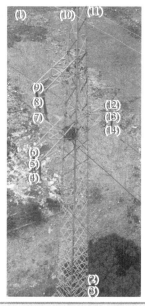

图 4-4　巡检部位及顺序（见彩插）

图 4-5　塔号牌、相序牌和警示牌实物图

图 4-6　塔基实物图

图 4-7　A 相导线端挂点实物图

（5）A 相绝缘子串　无人机正对绝缘子串，在其中心点以上位置平视拍摄，需覆盖绝缘子整串，且能够清晰分辨绝缘子片表面情况和每片连接情况，如图 4-8 所示。

（6）A 相横担挂点　无人机与挂点高度平行，小角度斜侧方平视或俯视拍摄，能够看清螺栓、螺母、销等零件，当有相互遮挡时，应采取多角度拍摄，且每张照片至少包含一片绝缘子伞裙，如图 4-9 所示。

图 4-8　A 相绝缘子串实物图

图 4-9　A 相横担挂点实物图

（7）B 相导线端挂点　同 A 相导线端挂点。

（8）B 相绝缘子串　同 A 相绝缘子串。

（9）B 相横担挂点　同 A 相横担挂点。

（10）左地线　无人机上相机的高度与地线挂点平行或以不大于 30°角度俯视，小角度斜侧方拍摄，能够清晰分辨各类金具的组合安装情况，若有遮挡，可进行多角度拍摄，如图 4-10 所示。

图 4-10　左地线实物图

（11）右地线　拍摄位置、角度和质量要求与左地线相同。

（12）C 相横担挂点　同 A 相横担挂点。

（13）C 相绝缘子串　同 A 相绝缘子串。

（14）C 相导线端挂点　拍摄位置、角度和质量要求与 A 相导线端挂点相同。

（15）小号侧通道　无人机在塔身侧位置平视拍摄，能够清晰、完整地看到杆塔的通道情况，如建筑物、树木、交叉跨越的线路等，如图 4-11 所示。

（16）大号侧通道　拍摄位置、角度和质量要求与小号侧通道相同。

五、检查照片

巡检完一个杆塔后，检查所拍摄的照片是否有遗漏、是否符合质量要求，发现问题立刻补拍，防止给后续工作带来不必要的麻烦。

图 4-11　小号侧通道实物图

六、检查、维护设备

完成所有巡检任务后，对所用设备进行日常维护，同时检查设备零配件是否齐全，有没有异常、故障，发现问题及时报告。检查完成后，将设备装箱。

七、资料归档

在计算机上新建一个文件夹，命名为××××（某年）××（某月）××（某日）×××（无人机操控人员姓名），例如 20220822 王小明。打开这个文件夹，在这个文件夹中新建一个文件夹，命名为精细化巡检。打开精细化巡检文件夹，在这个文件夹中新建一个文件夹，命名为××kV××线，例如 110kV 南京 117 线。打开××kV××线文件夹，在这个文件夹中新建一个文件夹，命名为××kV××线_0××#（杆塔号），例如 110kV 南京 117 线_017#。打开文件夹××kV××线_0××#（杆塔号），把与这个杆塔号对应的所有照片复制到这个文件夹中，如图 4-12 所示。

资料归档

| ▶ 本地磁盘 (E:) ▶ 20210822王小明 ▶ 精细化巡检 ▶ 110Kv南京117线 ▶ 110Kv南京117线_017# |

| 共享 ▾　　放映幻灯片　　新建文件夹 |

1	2	3	4	5
6	7	8	9	10
11	12	13	14	15
16				

图 4-12　资料归档示例

八、照片重命名

打开照片重命名 Excel 表，如图 4-13 所示。在图 4-13 的"图片描述"列表框中把对应杆塔图片描述复制到此处，如图 4-14 所示；接着在图 4-13 中的"请输入线路名称"文本框输入所巡检线路名称××kV××线_0××#，例如 110kV 南京 117 线_017#；单击图 4-13 中的"选择图片"按钮，在弹出的对话框中选择需要重命名的照片，如图 4-15 所示；然后单击图 4-15 中的"打开"按钮，导入所选图片，从上到下逐个单击图 4-14 中"图片描述"列表框中的文字，并查看图片与名称是否一致，如果发现有出入，只能依据图片修改"图片描述"列表框中的文字；所有图片都核对无误后，单击图 4-13 中的"重命名"按钮，所有需要重命名的照片都被重命名，如图 4-16 所示。

图 4-13　照片重命名界面

图 4-14　图片描述界面

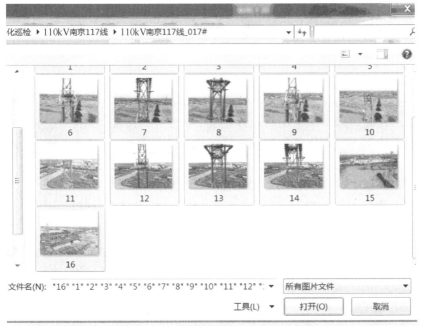

图 4-15　选择需要重命名的照片

照片重命名

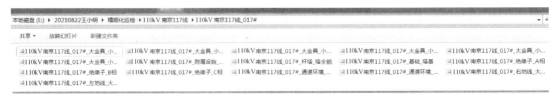

图 4-16　照片重命名

九、移交资料

将完成的所有资料复制到移动硬盘中并上交，最后检查一遍，如果没有问题，将 SD 卡格式化，以防下次使用空间不足，影响拍摄。

 **任务评价**

将学生完成任务的情况及评分填入表 4-1 中。

表 4-1　单回直线上字塔无人机精细化巡检评价表

序号	内容	要求	分值	评价			得分
				学生自评	学生互评	教师评价	
1	职业素养	文明礼仪	5				
2		安全纪律	10				
3		行为习惯	5				
4		工作态度	5				
5		团队合作	5				
6	照片质量	拍摄顺序正确	20				
7		符合拍摄技术要求	30				
8	照片重命名	符合命名规定	10				
9		照片中部位与名称一致	10				
综合评价							

任务拓展

1）用多旋翼无人机对单回直线门字塔（图 4-17）各个组成部分进行精细化巡检，把巡检照片归档和重命名后移交给上级。

2）用多旋翼无人机对双回直线塔（图 4-18）各个组成部分进行精细化巡检，把巡检照片归档和重命名后移交给上级。

3）用多旋翼无人机对单回耐张塔（图 4-19）各个组成部分进行精细化巡检，把巡检照片归档和重命名后移交给上级。

4）用多旋翼无人机对双回耐张塔（图 4-20）各个组成部分进行精细化巡检，把巡检照片归档和重命名后移交给上级。

双回耐张塔精细化巡检

图 4-17　单回直线门字塔

图 4-18　双回直线塔

图 4-19　单回耐张塔

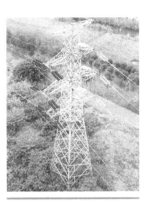

图 4-20　双回耐张塔

 知识链接

一、架空输电线路概述

（1）输电线路　连接发电厂和变电站的电力线路，起到输送和分配电能的作用。根据结构形式，输电线路分为架空输电线路和电缆线路。

（2）架空输电线路　由线路杆塔、导线、绝缘子、线路金具、杆塔基础、接地装置等构成，如图 4-21 所示，架设在地面之上。按照输送电流的性质，架空输电线路分为交流输电线路和直流输电线路。

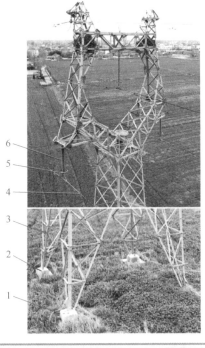

图 4-21　架空输电线路的组成（见彩插）

1—接地装置　2—杆塔基础　3—杆塔　4—导线　5—金具　6—绝缘子

1）杆塔。杆塔是电杆和铁塔的总称，其用途是支承导线和避雷线（为了保护设备避免雷击而安装的引雷入地的导线，也称防雷线或地线），以使导线与导线、导线与避雷线、导线与地面及交叉跨越物之间保持安全距离。根据塔头形状，杆塔分为酒杯形、猫头形、上字形、门字形、干字形、羊角形、伞形、倒伞形和六角形等，如图4-22所示；按使用功能，杆塔可分为承力塔、直线塔（图4-22a~d和i）、换位塔和大跨越高塔，承力塔又分为耐张塔（图4-22e~g）、转角塔（图4-22h）和终端塔，一条输电线路中使用最多的是直线塔和耐张塔；按同一杆塔所架设的输电线路的回路数，杆塔还可分为单回路（图4-22a~e）、双回路（图4-22f~i）和多回路。

a) 酒杯形　　　　b) 猫头形　　　　c) 上字形　　　　d) 门字形

e) 干字形　　　f) 羊角形　　　g) 伞形　　　h) 倒伞形　　　i) 六角形

图4-22　杆塔的种类

2）导线。导线是用来传导电流、输送电能的元件，一般都采用裸导线，每相一根，220kV及以上线路由于输送容量大，同时为了减少电晕损失和干扰，采用相分裂导线，即每相采用两根及以上的导线，这样不仅损耗少，而且有较好的防振性能。裸导线一般分为铜绞线、铝绞线、钢芯绞线、镀锌钢绞线等。目前架空输电线路导线几乎全部使用钢芯铝绞线，如图4-23所示。

① 地线一般不与杆塔绝缘子连接，而是直接架设在杆塔顶部，并通过杆塔或接地引下线与接地装置连接。地线的主要作用是减少雷击导线的机会，提高耐雷击水平，减少雷击跳闸次数，保证线路安全送电。由于地线不承担输送电流的功能，所以不要求其具有与导线相同的电导率和导线截面，目前主要采用铝包钢绞线，如图4-24所示。

② 跳线为连接承力塔（耐张塔、转角塔和终端杆塔）两侧导线的引线，也称引流线或弓子线，如图4-25所示。

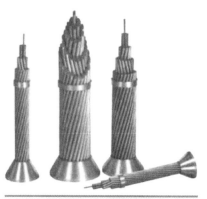

图4-23　钢芯铝绞线

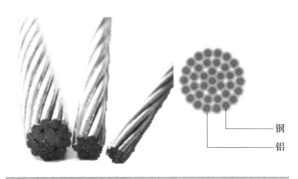

图 4-24　铝包钢绞线实物图和截面图

3）绝缘子。绝缘子是指安装在不同电位的导体或导体与接地构件之间的能够耐受电压和机械应力作用的器件。依据材料，绝缘子可分为瓷绝缘子、玻璃绝缘子和复合绝缘子（也称合成绝缘子）。根据安装方式，绝缘子串可分为悬垂绝缘子串和耐张绝缘子串。

4）线路金具。在架空输电线路上用于导线间连接、绝缘子间连接、绝缘子与杆塔以及绝缘子与导线间连接的金属附件，称为线路金具。按用途和性能，线路金具主要分为线夹、连接金具、接续金具和防护金具。

图 4-25　跳线实物图

① 线夹。线夹分为悬垂线夹和耐张线夹。悬垂线夹用于将导线固定在直线塔的绝缘子串上，或将避雷线悬挂在直线塔上，也可用于在换位塔上支承换位导线以及耐张塔、转角塔跳线的固定。悬垂线夹按回转轴位置分为中心回转式、下垂式和上扛式三种，如图 4-26 所示。

a) 中心回转式　　　　　b) 下垂式　　　　　c) 上扛式

图 4-26　悬垂线夹实物图

耐张线夹用来将导线或避雷线固定在非直线塔耐张绝缘子串上，起锚的作用，也用来固定拉线杆塔的拉线。按照结构及安装方法，耐张线夹分为螺栓型、压缩型和楔型三大类，如图 4-27 所示。

② 连接金具。连接金具是用来将绝缘子串与杆塔之间、线夹与绝缘子串之间、架空地线线夹与杆塔之间进行连接的金具。根据使用条件和结构特点，其连接方式可分为槽型连接、环型连接和球窝型连接三种，如图 4-28 所示。槽型连接也称板—板连接，常用金具主

要包括平行挂板、直角挂板、U 形挂板、联板、牵引板、调整板、十字挂板、联板支撑等。环型连接也称环—链连接，是由环和环构成的连接，属于线—线接触。环型连接结构简单，受力条件好，转动灵活，不受方向的限制，转动角度比球窝型连接大得多，常用金具包括 U 形挂环、直角环、延长环及 U 形螺栓等。槽型连接金具和环型连接金具属于通用金具，而球窝型连接金具则是专用金具，是根据与绝缘子连接的结构特点设计出来的，用于直接与绝缘子连接，其优点是没有方向性，挠性大，转动和装卸均方便，有利于带电作业。常用连接金具有球头挂环和碗头挂环。

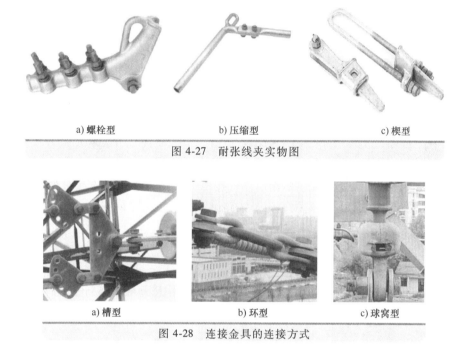

a) 螺栓型　　　　　b) 压缩型　　　　　c) 楔型

图 4-27　耐张线夹实物图

a) 槽型　　　　　b) 环型　　　　　c) 球窝型

图 4-28　连接金具的连接方式

③ 接续金具。接续金具是用于两根导线之间的接续，并能满足导线的力学性能及电气性能要求的金具。接续金具按照截面形状可分为圆形接续管和椭圆形接续管，如图 4-29 所示。

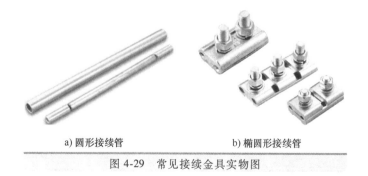

a) 圆形接续管　　　　　b) 椭圆形接续管

图 4-29　常见接续金具实物图

④ 保护金具。保护金具也称防护金具，是用于对各类电气装置或金具本身起到电气性能或力学性能保护作用的金具。根据其作用，保护金具可分为防振锤、间隔棒、重锤片、护线条、均压环和屏蔽环等，如图 4-30 所示。

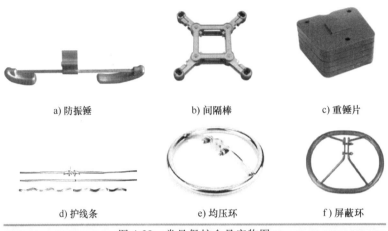

图 4-30 常见保护金具实物图

5）杆塔基础。杆塔基础是指埋设在地下，与杆塔底部连接，承受荷载的一种结构。杆塔基础用于稳定杆塔，使杆塔不致因承受垂直荷载、水平荷载、事故断线张力和外力作用而上拔、下沉或倾倒。

6）接地装置。接地装置主要包括接地体、接地引下线、接地螺栓和接地电阻，其作用主要是泄导雷电流，降低杆塔顶电位，保护线路绝缘不致被击穿闪络。它与地线一起对导线起屏蔽作用。

二、架空输电线路巡检概述

我国目前已有华北、东北、华东、华中、西北和南方电网共 6 个跨省区电网，其中 110kV 以上的输电线路有约 51.4 万 km。100km 的输电线路巡线工作需要 20 个巡线人员工作一天才能完成，那么 51.4 万 km 巡线工作需要 10.28 万人一天完成。而且，这种传统人工巡检工作的劳动强度大、工作条件艰苦；劳动效率低，遇到电网紧急故障和异常气候条件，线路维护人员只能利用普通仪器或肉眼来巡查设施。这种方式已经不能完全适应现代化电网建设与发展的需求。超、特高压电网急需先进、科学、高效的电力巡线方式。

（1）无人机电力线路巡检　是一种高效、智能、全新的电力线路巡检模式，有别于传统的人工巡检和其他巡检模式，代表了智能电网电力线路巡检的发展方向。其主要优点如下。

1）无人机巡线比人工巡线效率高 40 倍。实践证明，一架无人机每次飞行时间可达 1h，每小时巡线 30km。这样，无人机每飞 5 个架次相当于 30 名巡线员一天的工作量，且不受地理环境的限制。

2）降低劳动强度，保障巡线作业人员的人身安全，并且降低了成本。相关数据表明，云南某电网公司一年人工巡线费用在 60 万元左右。随着线路长度的增加，其规模效应越来越明显，利用无人机进行输电线路巡检可以使巡线平均成本越来越低。

3）及时发现缺陷，避免事故产生，可挽回高额的停电费用损失。据了解，一个城区 4 万户居民，停电 8h 将导致直接经济损失约 40 万元。

目前，常用无人机巡检平台主要有固定翼无人机、无人直升机、多旋翼无人机。因为巡检平台及搭载任务设备不同，固定翼无人机常用于自然灾害预警巡查和事故应急飞行，而多旋翼无人机因其航时短、灵活、操纵简单等优点，常用于日常巡检、特殊巡检（小范围）、故障巡检和专项巡检。

（2）无人机输电线路巡检常搭载的任务设备　主要有可见光相机、红外相机、紫外相机、激光雷达等。

1）可见光相机：用可见光相机拍摄的影像数据常用于检测电力线路外观缺陷以及环境通道状况。例如，地线断股、损伤、覆冰；杆塔倾斜、塔材变形；线路通道内的违章建筑物等。

2）红外相机：红外影像数据主要用于检测温度异常情况，可检测出绝缘子局部及导线接头异常发热等内部缺陷，如图 4-31 所示。

3）紫外相机：紫外影像数据主要结合可见光影像数据，快速识别异常放电部位，确定缺陷情况。

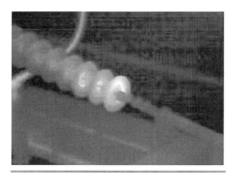

图 4-31　绝缘子红外热相图（见彩插）

4）激光雷达：利用激光雷达获取线路区域点云数据，可从点云数据中提取导线及杆塔，并获取其相应的地理参考信息。其主要优点是可以全天候工作，穿透云雾能力强，在低频段可穿透植被和树叶。

三、架空输电线路巡检作业

（1）基本要求

1）人员要求：人员包括工作负责人、安全监护人、操作人员和辅助人员，所有人员均应具有 2 年工作经验，且持证（无人机驾驶员合格证）上岗。小规模巡检需要 2~3 人，中等规模巡检需要 3~4 人，大规模巡检需要 5~8 人。

2）安全要求：在进行巡检作业前应办理空域申请手续，空域审批后方可作业，并密切跟踪当地空域变化情况；应查看杆塔坐标及高度、巡检线路周围地形地貌和周边交叉跨越情况；应检查无人机各部件是否正常，包括无人机平台、遥控器、云台相机、存储卡和电池电量等；查看天气情况，确定天气良好，适合飞行，雾、雪、大雨、冰雹、风力大于 10m/s等恶劣天气不宜作业；应规划应急航线，包括航线转移策略、安全返航路径和应急迫降点等；保证现场安全措施齐全，禁止行人和其他无关人员在无人机巡检现场逗留，时刻注意与无关人员保持安全距离；避免将起降场地设在巡检线路下方、交通繁忙道路及人口密集区附近；巡检时应与架空输电线路保持足够的安全距离。

3）维护保养要求：每次巡检任务结束后，检查无人机各零部件，主要包括无人机平台、遥控器、云台相机、存储卡和电池电量，并定期进行维护与保养。

4）技术要求：拍摄时应确保相机参数设置合理、对焦准确，保证图像清晰、曝光合理、不出现模糊现象；输电线路目标设备应位于影像画面中心位置，销类目标及缺陷在放大情况下清晰可见。

（2）拍摄原则　无人机驾驶员面向杆塔大号侧（图 4-32 中左箭头指向）先从左边拍摄，然后再从右边拍摄，从左边拍摄时是从下到上拍摄，从右边拍摄时是从上到下拍摄，先拍摄小号侧通道再拍摄大号侧通道。这是基本原则，对于直线塔和耐张塔，具体拍摄原则如下。

1）直线塔。

① 单回路直线塔（图4-22a～d），无人机驾驶员面向杆塔大号侧先拍摄左相再拍摄中相后拍摄右相，通道环境是先拍摄小号侧后拍摄大号侧。

② 双回路直线塔（图4-22i），无人机驾驶员面向杆塔大号侧先拍摄左回路下相再拍摄左中相后拍摄左上相、先拍摄右回路上相再拍摄右中相后拍摄右下相，通道环境是先拍摄小号侧后拍摄大号侧。

2）耐张塔。

① 单回路耐张塔（图4-22e），无人机驾驶员面向杆塔大号侧先拍摄左相小号侧和左相大号侧，再

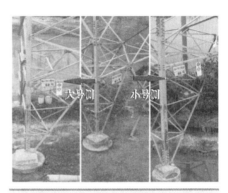

图4-32　杆塔大、小号侧示意图

拍摄中相小号侧和中相大号侧，后拍摄右相小号侧和右相大号侧；小号侧先拍摄导线端后拍摄横担端，大号侧正好相反，先拍摄横担端后拍摄导线端。如果有跳线，每相中先拍摄小号侧再拍摄跳线串后拍摄大号侧，小号侧先拍摄导线端后拍摄横担端，跳线串先拍摄横担端后拍摄导线端，大号侧先拍摄横担端后拍摄导线端；通道环境是先拍摄小号侧后拍摄大号侧。

② 双回路耐张塔（图4-22f、g），无人机驾驶员面向杆塔大号侧先拍摄左回路后拍摄右回路，左回路先拍摄下相再拍摄中相后拍摄上相，右回路先拍摄上相再拍摄中相后拍摄下相，每相先拍摄小号侧后拍摄大号侧，小号侧先拍摄导线端后拍摄横担端，大号侧先拍摄横担端后拍摄导线端。如果有跳线，每相先拍摄小号侧再拍摄跳线后拍摄大号侧，小号侧先拍摄导线端后拍摄横担端，跳线串先拍摄横担端后拍摄导线端，大号侧先拍摄横担端后拍摄导线端；通道环境是先拍摄小号侧后拍摄大号侧。

如果杆塔上有相序牌是ABC，以上拍摄顺序中左替换为A、中替换为B、右替换为C；若相序牌是BCA，以上拍摄顺序中左替换为B、中替换为C、右替换为A，依此类推。

（3）拍摄部位　多旋翼无人机巡检拍摄内容主要包括塔全貌、塔头、塔身、塔号牌、绝缘子、各挂点、金具、通道等，具体拍摄内容见表4-2。

表4-2　拍摄部位

塔类型	概括部位	具体部位
直线塔	塔概况	塔全貌、塔头、塔身、塔号牌、塔基
	悬垂绝缘子串	绝缘子
	横担端	碗头销、保护金具、铁搭挂点金具
	导线端	悬垂线夹、挂板、联板等金具
		碗头挂板销
	地线悬垂金具	地线线夹、接地引下线连接金具、挂板
	通道	小号侧、大号侧
耐张塔	塔概况	塔全貌、塔头、塔身、塔号牌、塔基
	耐张绝缘子串	每片伞裙表面及连接情况
	横担端	调整板、挂板等金具

（续）

塔类型	概括部位	具体部位
耐张塔	导线端	耐张线夹、各挂板、联板、防振锤等金具
	地线耐张金具	地线耐张线夹、接地引下线连接金具、防振锤、挂板
	跳线绝缘子横担端	碗头销、铁搭挂点金具
	跳线绝缘子导线端	碗头挂板销、跳线夹、联板、重锤等金具
	引流线	跳线、跳线绝缘子、间隔棒
	通道	小号侧、大号侧

（4）常见杆塔具体拍摄顺序及技术要求

1）交流电路单回直线塔（上字形塔、门字形塔、猫头形塔）巡检拍摄部位、位置、角度及质量要求见表4-3（以猫头形塔为例，如图4-33所示）。

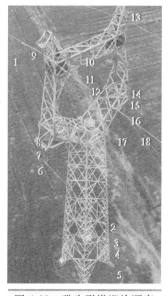

图4-33 猫头形塔巡检顺序

表4-3 交流电路单回直线猫头形塔巡检拍摄规定

编号	部位	无人机位置	角度	质量要求
1	塔全貌	从杆塔远处并高于杆塔拍摄,杆塔完全在影像画面中	俯视	塔全貌完整,能够清晰分辨塔材和杆塔角度,主体上、下占比不低于全幅的80%
2	塔头	从杆塔斜上方拍摄	俯视	能够完整看到杆塔塔头
3	塔身	杆塔斜上方,略低于塔头拍摄高度	平/俯视	能够看到除塔头及塔基部位的其他结构全貌
4	塔号牌	无人机镜头平视或俯视拍摄塔号牌(包括相序牌、警示牌)	平/俯视	能清晰分辨杆塔号牌上的线路名称
5	塔基	走廊正面或侧面面向塔基俯视拍摄	俯视	能够看清塔基附近地面情况,拉线连接是否牢靠

（续）

编号	部位	无人机位置	角度	质量要求
6	左相绝缘子导线端挂点	面向金具锁紧销安装侧,拍摄金具整体	平/俯视	能够清晰分辨出螺栓、螺母、锁紧销等小尺寸金具及防振锤。零部件相互遮挡时,采取多角度拍摄。每张照片至少包含一片绝缘子
7	左相绝缘子串	正对绝缘子串,在其中心点以上位置拍摄	平视	需覆盖绝缘子整串,可拍多张照片,最终能够清晰分辨每片绝缘子表面和连接情况
8	左相绝缘子横担挂点	与挂点高度平行,小角度斜侧方拍摄	平/俯视	能够清晰分辨出螺栓、螺母、锁紧销等小尺寸金具。零部件相互遮挡时,采取多角度拍摄。每张照片至少包含一片绝缘子
9	左地线	高度与地线挂点平行或以不大于30°角度俯视,小角度斜侧方拍摄	平/俯/仰视	能够清晰分辨出各类金具的组合安装情况及其与地线接触位置铝包带的安装情况,清晰分辨出螺栓、螺母、锁紧销等小尺寸金具。零部件相互遮挡时,采取多角度拍摄
10	中相绝缘子横担挂点	与挂点高度平行,小角度斜侧方拍摄	平视	能够清晰分辨出螺栓、螺母、锁紧销等小尺寸金具。零部件相互遮挡时,采取多角度拍摄。每张照片至少包含一片绝缘子
11	中相绝缘子串	正对绝缘子串,在其中心点以上位置拍摄	平视	需覆盖绝缘子整串,可拍多张照片,最终能够清晰分辨每片绝缘子表面和连接情况
12	中相绝缘子导线端挂点	与挂点高度平行,小角度斜侧方拍摄	平视	能够清晰分辨出螺栓、螺母、锁紧销等小尺寸金具及防振锤。零部件相互遮挡时,采取多角度拍摄。每张照片至少包含一片绝缘子
13	右地线	高度与地线挂点平行或以不大于30°角度俯视,小角度斜侧方拍摄	俯视	能够清晰分辨出各类金具的组合安装情况及其与地线接触位置铝包带的安装情况,清晰分辨出螺栓、螺母、锁紧销等小尺寸金具。零部件相互遮挡时,采取多角度拍摄
14	右相绝缘子横担挂点	与挂点高度平行,小角度斜侧方拍摄	平视	能够清晰分辨出螺栓、螺母、锁紧销等小尺寸金具。零部件相互遮挡时,采取多角度拍摄。每张照片至少包含一片绝缘子
15	右相绝缘子串	正对绝缘子串,在其中心点以上位置拍摄	俯视	需覆盖绝缘子整串,可拍多张照片,最终能够清晰分辨每片绝缘子表面和连接情况
16	右相绝缘子导线端挂点	与挂点高度平行,小角度斜侧方拍摄	平视	能够清晰分辨出螺栓、螺母、锁紧销等小尺寸金具及防振锤。零部件相互遮挡时,采取多角度拍摄。每张照片至少包含一片绝缘子
17	小号侧通道	塔身侧方位置先拍摄小号通道,后拍摄大号通道	平视	能够清晰、完整地看到杆塔的通道情况,如建筑物、树木、交叉、跨越的线路等状况
18	大号侧通道	塔身侧方位置先拍摄小号通道,后拍摄大号通道	平视	能够清晰、完整地看到杆塔的通道情况,如建筑物、树木、交叉、跨越的线路等状况

注:拍摄角度和拍摄照片张数以能够清晰展示所有细节为目标,根据实际作业环境可适当调整。

2）交流电路双回直线塔（图4-34）巡检拍摄部位、位置、角度及质量要求见表4-4。

图 4-34　交流电路双回直线塔巡检顺序

表 4-4　交流电路双回直线塔巡检拍摄规定

编号	部位	无人机位置	角度	质量要求
1	塔全貌	从杆塔远处并高于杆塔拍摄,杆塔完全在影像画面中	俯视	塔全貌完整,能够清晰分辨塔材和杆塔角度,主体上、下占比不低于全幅的80%
2	塔头	从杆塔斜上方拍摄	俯视	能够完整看到杆塔塔头
3	塔身	杆塔斜上方,略低于塔头拍摄高度	平/俯视	能够看到除塔头及塔基部位的其他结构全貌
4	塔号牌	无人机镜头平视或俯视拍摄塔号牌(包括相序牌、警示牌)	平/俯视	能清晰分辨杆塔号牌上的线路名称
5	塔基	走廊正面或侧面面向塔基俯视拍摄	俯视	能够看清塔基附近地面情况,拉线连接是否牢靠
6	左回下相绝缘子导线端挂点	面向金具锁紧销安装侧,拍摄金具整体	平/俯视	能够清晰分辨出螺栓、螺母、锁紧销等小尺寸金具及防振锤。零部件相互遮挡时,采取多角度拍摄。每张照片至少包含一片绝缘子
7	左回下相绝缘子串	正对绝缘子串,在其中心点以上位置拍摄	平视	需覆盖绝缘子整串,可拍多张照片,最终能够清晰分辨每片绝缘子表面和连接情况
8	左回下相绝缘子横担挂点	与挂点高度平行,小角度斜侧方拍摄	平/俯视	能够清晰分辨出螺栓、螺母、锁紧销等小尺寸金具。零部件相互遮挡时,采取多角度拍摄。每张照片至少包含一片绝缘子
9	左回中相绝缘子导线端挂点	面向金具锁紧销安装侧,拍摄金具整体	平/俯视	能够清晰分辨出螺栓、螺母、锁紧销等小尺寸金具及防振锤。零部件相互遮挡时,采取多角度拍摄。每张照片至少包含一片绝缘子

（续）

编号	部位	无人机位置	角度	质量要求
10	左回中相绝缘子串	正对绝缘子串，在其中心点以上位置拍摄	平视	需覆盖绝缘子整串，可拍多张照片，最终能够清晰分辨每片绝缘子表面和连接情况
11	左回中相绝缘子横担挂点	与挂点高度平行，小角度斜侧方拍摄	平/俯视	能够清晰分辨出螺栓、螺母、锁紧销等小尺寸金具。零部件相互遮挡时，采取多角度拍摄。每张照片至少包含一片绝缘子
12	左回上相绝缘子导线端挂点	面向金具锁紧销安装侧，拍摄金具整体	平/俯视	能够清晰分辨出螺栓、螺母、锁紧销等小尺寸金具及防振锤。零部件相互遮挡时，采取多角度拍摄。每张照片至少包含一片绝缘子
13	左回上相绝缘子串	正对绝缘子串，在其中心点以上位置拍摄	平视	需覆盖绝缘子整串，可拍多张照片，最终能够清晰分辨每片绝缘子表面和连接情况
14	左回上相绝缘子横担挂点	与挂点高度平行，小角度斜侧方拍摄	平/俯视	能够清晰分辨出螺栓、螺母、锁紧销等小尺寸金具。零部件相互遮挡时，采取多角度拍摄。每张照片至少包含一片绝缘子
15	左回地线	高度与地线挂点平行或以不大于30°角度俯视，小角度斜侧方拍摄	平/俯/仰视	能够清晰分辨出各类金具的组合安装情况及其与地线接触位置铝包带的安装情况，清晰分辨出螺栓、螺母、锁紧销等小尺寸金具。零部件相互遮挡时，采取多角度拍摄
16	右回地线	高度与地线挂点平行或以不大于30°角度俯视，小角度斜侧方拍摄	俯视	能够清晰分辨出各类金具的组合安装情况及其与地线接触位置铝包带的安装情况，清晰分辨出螺栓、螺母、锁紧销等小尺寸金具。零部件相互遮挡时，采取多角度拍摄
17	右回上相绝缘子横担挂点	与挂点高度平行，小角度斜侧方拍摄	平视	能够清晰分辨出螺栓、螺母、锁紧销等小尺寸金具。零部件相互遮挡时，采取多角度拍摄。每张照片至少包含一片绝缘子
18	右回上相绝缘子串	正对绝缘子串，在其中心点以上位置拍摄	平视	需覆盖绝缘子整串，可拍多张照片，最终能够清晰分辨每片绝缘子表面和连接情况
19	右回上相绝缘子导线端挂点	与挂点高度平行，小角度斜侧方拍摄	平视	能够清晰分辨出螺栓、螺母、锁紧销等小尺寸金具及防振锤。零部件相互遮挡时，采取多角度拍摄。每张照片至少包含一片绝缘子
20	右回中相绝缘子横担挂点	与挂点高度平行，小角度斜侧方拍摄	平视	能够清晰分辨出螺栓、螺母、锁紧销等小尺寸金具。零部件相互遮挡时，采取多角度拍摄。每张照片至少包含一片绝缘子
21	右回中相绝缘子串	正对绝缘子串，在其中心点以上位置拍摄	俯视	需覆盖绝缘子整串，可拍多张照片，最终能够清晰分辨每片绝缘子表面和连接情况
22	右回中相绝缘子导线端挂点	与挂点高度平行，小角度斜侧方拍摄	平视	能够清晰分辨出螺栓、螺母、锁紧销等小尺寸金具及防振锤。零部件相互遮挡时，采取多角度拍摄。每张照片至少包含一片绝缘子
23	右回下相绝缘子横担挂点	与挂点高度平行，小角度斜侧方拍摄	平视	能够清晰分辨出螺栓、螺母、锁紧销等小尺寸金具。零部件相互遮挡时，采取多角度拍摄。每张照片至少包含一片绝缘子

（续）

编号	部位	无人机位置	角度	质量要求
24	右回下相绝缘子串	正对绝缘子串,在其中心点以上位置拍摄	俯视	需覆盖绝缘子整串,可拍多张照片,最终能够清晰分辨每片绝缘子表面和连接情况
25	右回下相绝缘子导线端挂点	与挂点高度平行,小角度斜侧方拍摄	平视	能够清晰分辨出螺栓、螺母、锁紧销等小尺寸金具及防振锤。零部件相互遮挡时,采取多角度拍摄。每张照片至少包含一片绝缘子
26	小号侧通道	塔身侧方位置先拍摄小号通道,后拍摄大号通道	平视	能够清晰、完整地看到杆塔的通道情况,如建筑物、树木、交叉、跨越的线路等状况
27	大号侧通道	塔身侧方位置先拍摄小号通道,后拍摄大号通道	平视	能够清晰、完整地看到杆塔的通道情况,如建筑物、树木、交叉、跨越的线路等状况

注：拍摄角度和拍摄照片张数以能够清晰展示所有细节为目标，根据实际作业环境可适当调整。

3）交流电路单回耐张塔要在拍摄中相小号侧横担挂点与大号侧横担挂点中间增加跳线拍摄部位，具体拍摄顺序如图4-35所示，巡检拍摄部位、位置、角度及质量要求见表4-5。

图4-35 交流电路单回耐张塔巡检顺序

表4-5 交流电路单回耐张塔巡检拍摄规定

编号	部位	无人机位置	角度	质量要求
1	塔全貌	从杆塔远处并高于杆塔拍摄,杆塔完全在影像画面中	俯视	塔全貌完整,能够清晰分辨塔材和杆塔角度,主体上、下占比不低于全幅的80%
2	塔头	从杆塔斜上方拍摄	俯视	能够完整看到杆塔塔头
3	塔身	杆塔斜上方,略低于塔头拍摄高度	平/俯视	能够看到除塔头及塔基部位的其他结构全貌
4	塔号牌	无人机镜头平视或俯视拍摄塔号牌(包括相序牌、警示牌)	平/俯视	能清晰分辨杆塔号牌上的线路名称
5	塔基	走廊正面或侧面面向塔基俯视拍摄	俯视	能够看清塔基附近地面情况,拉线连接是否牢靠
6	左相小号侧绝缘子导线端挂点	面向金具锁紧销安装侧,拍摄金具整体	平/俯视	能够清晰分辨出螺栓、螺母、锁紧销等小尺寸金具及防振锤。零部件相互遮挡时,采取多角度拍摄。每张照片至少包含一片绝缘子

（续）

编号	部位	无人机位置	角度	质量要求
7	左相小号侧绝缘子串	正对绝缘子串,在其中心点以上位置拍摄	平视	需覆盖绝缘子整串,可拍多张照片,最终能够清晰分辨每片绝缘子表面和连接情况
8	左相小号侧绝缘子横担挂点	与挂点高度平行,小角度斜侧方拍摄	平/俯视	能够清晰分辨出螺栓、螺母、锁紧销等小尺寸金具。零部件相互遮挡时,采取多角度拍摄。每张照片至少包含一片绝缘子
9	左相大号侧绝缘子横担挂点	与挂点高度平行,小角度斜侧方拍摄	平视	能够清晰分辨出螺栓、螺母、锁紧销等小尺寸金具。零部件相互遮挡时,采取多角度拍摄。每张照片至少包含一片绝缘子
10	左相大号侧绝缘子串	正对绝缘子串,在其中心点以上位置拍摄	平视	需覆盖绝缘子整串,可拍多张照片,最终能够清晰分辨每片绝缘子表面和连接情况
11	左相大号侧绝缘子导线端挂点	与挂点高度平行,小角度斜侧方拍摄	平视	能够清晰分辨出螺栓、螺母、锁紧销等小尺寸金具及防振锤。零部件相互遮挡时,采取多角度拍摄。每张照片至少包含一片绝缘子
12	左回地线	高度与地线挂点平行或以不大于30°角度俯视,小角度斜侧方拍摄	平/俯/仰视	能够清晰分辨出各类金具的组合安装情况及其与地线接触位置铝包带的安装情况,清晰分辨出螺栓、螺母、锁紧销等小尺寸金具。零部件相互遮挡时,采取多角度拍摄
13	右回地线	高度与地线挂点平行或以不大于30°角度俯视,小角度斜侧方拍摄	俯视	能够清晰分辨出各类金具的组合安装情况及其与地线接触位置铝包带的安装情况,清晰分辨出螺栓、螺母、锁紧销等小尺寸金具。零部件相互遮挡时,采取多角度拍摄
14	中相小号侧绝缘子导线端挂点	面向金具锁紧销安装侧,拍摄金具整体	平/俯视	能够清晰分辨出螺栓、螺母、锁紧销等小尺寸金具及防振锤。零部件相互遮挡时,采取多角度拍摄。每张照片至少包含一片绝缘子
15	中相小号侧绝缘子串	正对绝缘子串,在其中心点以上位置拍摄	平视	需覆盖绝缘子整串,可拍多张照片,最终能够清晰分辨每片绝缘子表面和连接情况
16	中相小号侧绝缘子横担挂点	与挂点高度平行,小角度斜侧方拍摄	平/俯视	能够清晰分辨出螺栓、螺母、锁紧销等小尺寸金具。零部件相互遮挡时,采取多角度拍摄。每张照片至少包含一片绝缘子
17	中相跳线导线端挂点	面向金具锁紧销安装侧,拍摄金具整体	平/俯视	能够清晰分辨出螺栓、螺母、锁紧销等小尺寸金具及防振锤。零部件相互遮挡时,采取多角度拍摄。每张照片至少包含一片绝缘子
18	中相跳线绝缘子串	正对绝缘子串,在其中心点以上位置拍摄	平视	需覆盖绝缘子整串,可拍多张照片,最终能够清晰分辨每片绝缘子表面和连接情况
19	中相跳线横担挂点	与挂点高度平行,小角度斜侧方拍摄	平视	能够清晰分辨出螺栓、螺母、锁紧销等小尺寸金具。零部件相互遮挡时,采取多角度拍摄。每张照片至少包含一片绝缘子
20	中相大号侧绝缘子横担挂点	与挂点高度平行,小角度斜侧方拍摄	平视	能够清晰分辨出螺栓、螺母、锁紧销等小尺寸金具。零部件相互遮挡时,采取多角度拍摄。每张照片至少包含一片绝缘子
21	中相大号侧绝缘子串	正对绝缘子串,在其中心点以上位置拍摄	平视	需覆盖绝缘子整串,可拍多张照片,最终能够清晰分辨每片绝缘子表面和连接情况

（续）

编号	部位	无人机位置	角度	质量要求
22	中相大号侧绝缘子导线端挂点	与挂点高度平行,小角度斜侧方拍摄	平视	能够清晰分辨出螺栓、螺母、锁紧销等小尺寸金具及防振锤。零部件相互遮挡时,采取多角度拍摄。每张照片至少包含一片绝缘子
23	右相小号侧绝缘子导线端挂点	面向金具锁紧销安装侧,拍摄金具整体	平/俯视	能够清晰分辨出螺栓、螺母、锁紧销等小尺寸金具及防振锤。零部件相互遮挡时,采取多角度拍摄。每张照片至少包含一片绝缘子
24	右相小号侧绝缘子串	正对绝缘子串,在其中心点以上位置拍摄	平视	需覆盖绝缘子整串,可拍多张照片,最终能够清晰分辨每片绝缘子表面和连接情况
25	右相小号侧绝缘子横担挂点	与挂点高度平行,小角度斜侧方拍摄	平/俯视	能够清晰分辨出螺栓、螺母、锁紧销等小尺寸金具。零部件相互遮挡时,采取多角度拍摄。每张照片至少包含一片绝缘子
26	右相大号侧绝缘子横担挂点	与挂点高度平行,小角度斜侧方拍摄	平视	能够清晰分辨出螺栓、螺母、锁紧销等小尺寸金具。零部件相互遮挡时,采取多角度拍摄。每张照片至少包含一片绝缘子
27	右相大号侧绝缘子串	正对绝缘子串,在其中心点以上位置拍摄	俯视	需覆盖绝缘子整串,可拍多张照片,最终能够清晰分辨每片绝缘子表面和连接情况
28	右相大号侧绝缘子导线端挂点	与挂点高度平行,小角度斜侧方拍摄	平视	能够清晰分辨出螺栓、螺母、锁紧销等小尺寸金具及防振锤。零部件相互遮挡时,采取多角度拍摄。每张照片至少包含一片绝缘子
29	小号侧通道	塔身侧方位置先拍摄小号通道,后拍摄大号通道	平视	能够清晰、完整地看到杆塔的通道情况,如建筑物、树木、交叉、跨越的线路等状况
30	大号侧通道	塔身侧方位置先拍摄小号通道,后拍摄大号通道	平视	能够清晰、完整地看到杆塔的通道情况,如建筑物、树木、交叉、跨越的线路等状况

注：拍摄角度和拍摄照片张数以能够清晰展示所有细节为目标,根据实际作业环境可适当调整。

4）交流电路双回耐张塔无跳线（图4-36）巡检拍摄部位、位置、角度及质量要求见表4-6。

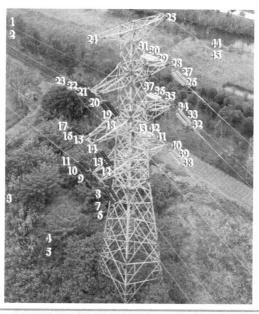

图4-36 交流电路双回耐张塔（无跳线）巡检顺序

表 4-6　交流电路双回耐张塔（无跳线）巡检拍摄规定

编号	部位	无人机位置	角度	质量要求
1	塔全貌	从杆塔远处并高于杆塔拍摄，杆塔完全在影像画面中	俯视	塔全貌完整，能够清晰分辨塔材和杆塔角度，主体上、下占比不低于全幅的 80%
2	塔头	从杆塔斜上方拍摄	俯视	能够完整看到杆塔塔头
3	塔身	杆塔斜上方，略低于塔头拍摄高度	平/俯视	能够看到除塔头及塔基部位的其他结构全貌
4	塔号牌	无人机镜头平视或俯视拍摄塔号牌（包括相序牌、警示牌）	平/俯视	能清晰分辨杆塔号牌上的线路名称
5	塔基	走廊正面或侧面面向塔基俯视拍摄	俯视	能够看清塔基附近地面情况，拉线连接是否牢靠
6	左回下相小号侧绝缘子导线端挂点	面向金具锁紧销安装侧，拍摄金具整体	平/俯视	能够清晰分辨出螺栓、螺母、锁紧销等小尺寸金具及防振锤。零部件相互遮挡时，采取多角度拍摄。每张照片至少包含一片绝缘子
7	左回下相小号侧绝缘子串	正对绝缘子串，在其中心点以上位置拍摄	平视	需覆盖绝缘子整串，可拍多张照片，最终能够清晰分辨每片绝缘子表面和连接情况
8	左回下相小号侧绝缘子横担挂点	与挂点高度平行，小角度斜侧方拍摄	平/俯视	能够清晰分辨出螺栓、螺母、锁紧销等小尺寸金具。零部件相互遮挡时，采取多角度拍摄。每张照片至少包含一片绝缘子
9	左回下相大号侧绝缘子横担挂点	与挂点高度平行，小角度斜侧方拍摄	平视	能够清晰分辨出螺栓、螺母、锁紧销等小尺寸金具。零部件相互遮挡时，采取多角度拍摄。每张照片至少包含一片绝缘子
10	左回下相大号侧绝缘子串	正对绝缘子串，在其中心点以上位置拍摄	平视	需覆盖绝缘子整串，可拍多张照片，最终能够清晰分辨每片绝缘子表面和连接情况
11	左回下相大号侧绝缘子导线端挂点	与挂点高度平行，小角度斜侧方拍摄	平视	能够清晰分辨出螺栓、螺母、锁紧销等小尺寸金具及防振锤。零部件相互遮挡时，采取多角度拍摄。每张照片至少包含一片绝缘子
12	左回中相小号侧绝缘子导线端挂点	面向金具锁紧销安装侧，拍摄金具整体	平/俯视	能够清晰分辨出螺栓、螺母、锁紧销等小尺寸金具及防振锤。零部件相互遮挡时，采取多角度拍摄。每张照片至少包含一片绝缘子
13	左回中相小号侧绝缘子串	正对绝缘子串，在其中心点以上位置拍摄	平视	需覆盖绝缘子整串，可拍多张照片，最终能够清晰分辨每片绝缘子表面和连接情况
14	左回中相小号侧绝缘子横担挂点	与挂点高度平行，小角度斜侧方拍摄	平/俯视	能够清晰分辨出螺栓、螺母、锁紧销等小尺寸金具。零部件相互遮挡时，采取多角度拍摄。每张照片至少包含一片绝缘子
15	左回中相大号侧绝缘子横担挂点	与挂点高度平行，小角度斜侧方拍摄	平视	能够清晰分辨出螺栓、螺母、锁紧销等小尺寸金具。零部件相互遮挡时，采取多角度拍摄。每张照片至少包含一片绝缘子
16	左回中相大号侧绝缘子串	正对绝缘子串，在其中心点以上位置拍摄	平视	需覆盖绝缘子整串，可拍多张照片，最终能够清晰分辨每片绝缘子表面和连接情况

（续）

编号	部位	无人机位置	角度	质量要求
17	左回中相大号侧绝缘子导线端挂点	与挂点高度平行,小角度斜侧方拍摄	平视	能够清晰分辨出螺栓、螺母、锁紧销等小尺寸金具及防振锤。零部件相互遮挡时,采取多角度拍摄。每张照片至少包含一片绝缘子
18	左回上相小号侧绝缘子导线端挂点	面向金具锁紧销安装侧,拍摄金具整体	平/俯视	能够清晰分辨出螺栓、螺母、锁紧销等小尺寸金具及防振锤。零部件相互遮挡时,采取多角度拍摄。每张照片至少包含一片绝缘子
19	左回上相小号侧绝缘子串	正对绝缘子串,在其中心点以上位置拍摄	平视	需覆盖绝缘子整串,可拍多张照片,最终能够清晰分辨每片绝缘子表面和连接情况
20	左回上相小号侧绝缘子横担挂点	与挂点高度平行,小角度斜侧方拍摄	平/俯视	能够清晰分辨出螺栓、螺母、锁紧销等小尺寸金具。零部件相互遮挡时,采取多角度拍摄。每张照片至少包含一片绝缘子
21	左回上相大号侧绝缘子横担挂点	与挂点高度平行,小角度斜侧方拍摄	平视	能够清晰分辨出螺栓、螺母、锁紧销等小尺寸金具。零部件相互遮挡时,采取多角度拍摄。每张照片至少包含一片绝缘子
22	左回上相大号侧绝缘子串	正对绝缘子串,在其中心点以上位置拍摄	平视	需覆盖绝缘子整串,可拍多张照片,最终能够清晰分辨每片绝缘子表面和连接情况
23	左回上相大号侧绝缘子导线端挂点	与挂点高度平行,小角度斜侧方拍摄	平视	能够清晰分辨出螺栓、螺母、锁紧销等小尺寸金具及防振锤。零部件相互遮挡时,采取多角度拍摄。每张照片至少包含一片绝缘子
24	左回地线	高度与地线挂点平行或以不大于30°角度俯视,小角度斜侧方拍摄	平/俯/仰视	能够清晰分辨出各类金具的组合安装情况及其与地线接触位置铝包带的安装情况,清晰分辨出螺栓、螺母、锁紧销等小尺寸金具。零部件相互遮挡时,采取多角度拍摄
25	右回地线	高度与地线挂点平行或以不大于30°角度俯视,小角度斜侧方拍摄	俯视	能够清晰分辨出各类金具的组合安装情况及其与地线接触位置铝包带的安装情况,清晰分辨出螺栓、螺母、锁紧销等小尺寸金具。零部件相互遮挡时,采取多角度拍摄
26	右回上相小号侧绝缘子导线端挂点	面向金具锁紧销安装侧,拍摄金具整体	平/俯视	能够清晰分辨出螺栓、螺母、锁紧销等小尺寸金具及防振锤。零部件相互遮挡时,采取多角度拍摄。每张照片至少包含一片绝缘子
27	右回上相小号侧绝缘子串	正对绝缘子串,在其中心点以上位置拍摄	平视	需覆盖绝缘子整串,可拍多张照片,最终能够清晰分辨每片绝缘子表面和连接情况
28	右回上相小号侧绝缘子横担挂点	与挂点高度平行,小角度斜侧方拍摄	平/俯视	能够清晰分辨出螺栓、螺母、锁紧销等小尺寸金具。零部件相互遮挡时,采取多角度拍摄。每张照片至少包含一片绝缘子
29	右回上相大号侧绝缘子横担挂点	与挂点高度平行,小角度斜侧方拍摄	平视	能够清晰分辨出螺栓、螺母、锁紧销等小尺寸金具。零部件相互遮挡时,采取多角度拍摄。每张照片至少包含一片绝缘子
30	右回上相大号侧绝缘子串	正对绝缘子串,在其中心点以上位置拍摄	平视	需覆盖绝缘子整串,可拍多张照片,最终能够清晰分辨每片绝缘子表面和连接情况

（续）

编号	部位	无人机位置	角度	质量要求
31	右回上相大号侧绝缘子导线端挂点	与挂点高度平行,小角度斜侧方拍摄	平视	能够清晰分辨出螺栓、螺母、锁紧销等小尺寸金具及防振锤。零部件相互遮挡时,采取多角度拍摄。每张照片至少包含一片绝缘子
32	右回中相小号侧绝缘子导线端挂点	面向金具锁紧销安装侧,拍摄金具整体	平/俯视	能够清晰分辨出螺栓、螺母、锁紧销等小尺寸金具及防振锤。零部件相互遮挡时,采取多角度拍摄。每张照片至少包含一片绝缘子
33	右回中相小号侧绝缘子串	正对绝缘子串,在其中心点以上位置拍摄	平视	需覆盖绝缘子整串,可拍多张照片,最终能够清晰分辨每片绝缘子表面和连接情况
34	右回中相小号侧绝缘子横担挂点	与挂点高度平行,小角度斜侧方拍摄	平/俯视	能够清晰分辨出螺栓、螺母、锁紧销等小尺寸金具。零部件相互遮挡时,采取多角度拍摄。每张照片至少包含一片绝缘子
35	右回中相大号侧绝缘子横担挂点	与挂点高度平行,小角度斜侧方拍摄	平视	能够清晰分辨出螺栓、螺母、锁紧销等小尺寸金具。零部件相互遮挡时,采取多角度拍摄。每张照片至少包含一片绝缘子
36	右回中相大号侧绝缘子串	正对绝缘子串,在其中心点以上位置拍摄	俯视	需覆盖绝缘子整串,可拍多张照片,最终能够清晰分辨每片绝缘子表面和连接情况
37	右回中相大号侧绝缘子导线端挂点	与挂点高度平行,小角度斜侧方拍摄	平视	能够清晰分辨出螺栓、螺母、锁紧销等小尺寸金具及防振锤。零部件相互遮挡时,采取多角度拍摄。每张照片至少包含一片绝缘子
38	左回下相小号侧绝缘子导线端挂点	面向金具锁紧销安装侧,拍摄金具整体	平/俯视	能够清晰分辨出螺栓、螺母、锁紧销等小尺寸金具及防振锤。零部件相互遮挡时,采取多角度拍摄。每张照片至少包含一片绝缘子
39	左回下相小号侧绝缘子串	正对绝缘子串,在其中心点以上位置拍摄	平视	需覆盖绝缘子整串,可拍多张照片,最终能够清晰分辨每片绝缘子表面和连接情况
40	左回下相小号侧绝缘子横担挂点	与挂点高度平行,小角度斜侧方拍摄	平/俯视	能够清晰分辨出螺栓、螺母、锁紧销等小尺寸金具。零部件相互遮挡时,采取多角度拍摄。每张照片至少包含一片绝缘子
41	左回下相大号侧绝缘子横担挂点	与挂点高度平行,小角度斜侧方拍摄	平视	能够清晰分辨出螺栓、螺母、锁紧销等小尺寸金具。零部件相互遮挡时,采取多角度拍摄。每张照片至少包含一片绝缘子
42	左回下相大号侧绝缘子串	正对绝缘子串,在其中心点以上位置拍摄	平视	需覆盖绝缘子整串,可拍多张照片,最终能够清晰分辨每片绝缘子表面和连接情况
43	左回下相大号侧绝缘子导线端挂点	与挂点高度平行,小角度斜侧方拍摄	平视	能够清晰分辨出螺栓、螺母、锁紧销等小尺寸金具及防振锤。零部件相互遮挡时,采取多角度拍摄。每张照片至少包含一片绝缘子
44	小号侧通道	塔身侧方位置先拍摄小号通道,后拍摄大号通道	平视	能够清晰、完整地看到杆塔的通道情况,如建筑物、树木、交叉、跨越的线路等状况
45	大号侧通道	塔身侧方位置先拍摄小号通道,后拍摄大号通道	平视	能够清晰、完整地看到杆塔的通道情况,如建筑物、树木、交叉、跨越的线路等状况

若交流电路双回耐张塔有跳线（某相），在拍摄某相小号侧横担挂点与大号侧横担挂点中间需增加跳线拍摄部位，具体拍摄顺序如图4-37所示，巡检拍摄部位、位置、角度及质量要求见表4-7。

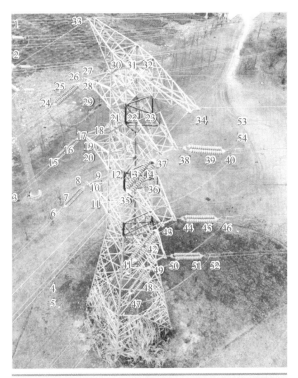

图4-37 交流电路双回耐张塔（有跳线）巡检顺序

表4-7 交流电路双回耐张塔（有跳线）巡检拍摄规定

编号	部位	无人机位置	角度	质量要求
1	塔全貌			
2	塔头			
3	塔身	同表4-6中相应项		
4	塔号牌			
5	塔基			
6	左回下相小号侧绝缘子导线端挂点			
7	左回下相小号侧绝缘子串			
8	左回下相小号侧绝缘子横担挂点			
9	左回下相跳线串横担挂点	与挂点高度平行，小角度斜侧方拍摄	平/俯视	能够清晰分辨出螺栓、螺母、锁紧销等小尺寸金具。零部件相互遮挡时，采取多角度拍摄。每张照片至少包含一片绝缘子

（续）

编号	部位	无人机位置	角度	质量要求
10	左回下相跳线绝缘子串	正对绝缘子串,在其中心点以上位置拍摄	平视	需覆盖绝缘子整串,可拍多张照片,最终能够清晰分辨每片绝缘子表面和连接情况
11	左回下相跳线串导线端挂点	面向金具锁紧销安装侧,拍摄金具整体	平/俯视	能够清晰分辨出螺栓、螺母、锁紧销等小尺寸金具及防振锤。零部件相互遮挡时,采取多角度拍摄。每张照片至少包含一片绝缘子
12	左回下相大号侧绝缘子横担挂点	同表4-6中相应项		
13	左回下相大号侧绝缘子串			
14	左回下相大号侧绝缘子导线端挂点			
15	左回中相小号侧绝缘子导线端挂点			
16	左回中相小号侧绝缘子串			
17	左回中相小号侧绝缘子横担挂点			
18	左回中相跳线串横担挂点	与挂点高度平行,小角度斜侧方拍摄	平/俯视	能够清晰分辨出螺栓、螺母、锁紧销等小尺寸金具。零部件相互遮挡时,采取多角度拍摄。每张照片至少包含一片绝缘子
19	左回中相跳线绝缘子串	正对绝缘子串,在其中心点以上位置拍摄	平视	需覆盖绝缘子整串,可拍多张照片,最终能够清晰分辨每片绝缘子表面和连接情况
20	左回中相跳线串导线端挂点	面向金具锁紧销安装侧,拍摄金具整体	平/俯视	能够清晰分辨出螺栓、螺母、锁紧销等小尺寸金具及防振锤。零部件相互遮挡时,采取多角度拍摄。每张照片至少包含一片绝缘子
21	左回中相大号侧绝缘子横担挂点	同表4-6中相应项		
22	左回中相大号侧绝缘子串			
23	左回中相大号侧绝缘子导线端挂点			
24	左回上相小号侧绝缘子导线端挂点			

（续）

编号	部位	无人机位置	角度	质量要求
25	左回上相小号侧绝缘子串	同表 4-6 中相应项		
26	左回上相小号侧绝缘子横担挂点			
27	左回上相跳线串横担挂点	与挂点高度平行,小角度斜侧方拍摄	平/俯视	能够清晰分辨出螺栓、螺母、锁紧销等小尺寸金具。零部件相互遮挡时,采取多角度拍摄。每张照片至少包含一片绝缘子
28	左回上相跳线绝缘子串	正对绝缘子串,在其中心点以上位置拍摄	平视	需覆盖绝缘子整串,可拍多张照片,最终能够清晰分辨每片绝缘子表面和连接情况
29	左回上相跳线串导线端挂点	面向金具锁紧销安装侧,拍摄金具整体	平/俯视	能够清晰分辨出螺栓、螺母、锁紧销等小尺寸金具及防振锤。零部件相互遮挡时,采取多角度拍摄。每张照片至少包含一片绝缘子
30	左回上相大号侧绝缘子横担挂点	同表 4-6 中相应项		
31	左回上相大号侧绝缘子串			
32	左回上相大号侧绝缘子导线端挂点			
33	左回地线			
34	右回地线			
35	右回上相小号侧绝缘子导线端挂点			
36	右回上相小号侧绝缘子串			
37	右回上相小号侧绝缘子横担挂点			
38	右回上相大号侧横担挂点			
39	右回上相大号侧绝缘子串			
40	右回上相大号侧绝缘子导线端挂点			
41	右回中相小号侧绝缘子导线端挂点			

（续）

编号	部位	无人机位置	角度	质量要求
42	右回中相小号侧绝缘子串			
43	右回中相小号侧绝缘子横担挂点			
44	右回中相大号侧绝缘子横担挂点			
45	右回中相大号侧绝缘子串			
46	右回中相大号侧绝缘子导线端挂点			
47	左回下相小号侧绝缘子导线端挂点	同表4-6中相应项		
48	左回下相小号侧绝缘子串			
49	左回下相小号侧绝缘子横担挂点			
50	左回下相大号侧绝缘子横担挂点			
51	左回下相大号侧绝缘子串			
52	左回下相大号侧绝缘子导线端挂点			
53	小号侧通道			
54	大号侧通道			

注：拍摄角度和拍摄照片张数以能够清晰展示所有细节为目标，根据实际作业环境可适当调整。

5）对拍摄部位照片进行命名的一般规则是当拍摄部位为塔全貌、塔头、塔身时，在对应照片描述前添加"_杆塔_"，如拍摄部位为塔全貌，对应照片描述为"_杆塔_塔全貌"；当拍摄部位为塔号牌时，对应照片描述为"_附属设施_塔号牌"；当拍摄部位为塔基时，对应照片描述为"_基础_塔基"；当拍摄部位为导线端挂点、横担挂点和地线时，在对应照片描述前或后添加"_大金具_小金具_"；当拍摄部位为绝缘子串时，在对应照片描述后添加"_某相"，如拍摄左相绝缘子串，对应照片描述为"绝缘子_左相"；当拍摄部位为通道时，对应照片描述为"_通道环境_某号侧"，如拍摄小号侧通道，对应照片描述为"_通道环境_小号侧"。常见杆塔拍摄部位对应照片的命名情况具体如下。

① 单回直线塔拍摄部位对应照片命名见表4-8。

表 4-8　单回直线塔拍摄部位对应照片命名

序号	拍摄部位	照片描述	序号	拍摄部位	照片描述
1	塔全貌	_杆塔_塔全貌	10	中相绝缘子横担挂点	_大金具_小金具_中相横担侧
2	塔头	_杆塔_塔头	11	中相绝缘子串	_绝缘子_中相
3	塔身	_杆塔_塔身	12	中相绝缘子导线端挂点	_大金具_小金具_中相导线侧
4	塔号牌	_附属设施_塔号牌	13	右地线	_右地线_大金具_小金具
5	塔基	_基础_塔基	14	右相绝缘子横担挂点	_大金具_小金具_右相横担侧
6	左相绝缘子导线端挂点	_大金具_小金具_左相导线侧	15	右相绝缘子串	_绝缘子_左相
7	左相绝缘子串	_绝缘子_左相	16	右相绝缘子导线端挂点	_大金具_小金具_右相导线侧
8	左相绝缘子横担挂点	_大金具_小金具_左相横担侧	17	小号侧通道	_通道环境_小号侧
9	左地线	_左地线_大金具_小金具	18	大号侧通道	_通道环境_大号侧

② 双回直线塔拍摄部位对应照片命名见表 4-9。

表 4-9　双回直线塔拍摄部位对应照片命名

编号	部位	照片描述
1	塔全貌	_杆塔_塔全貌
2	塔头	_杆塔_塔头
3	塔身	_杆塔_塔身
4	塔号牌	_附属设施_塔号牌
5	塔基	_基础_塔基
6	左回下相绝缘子导线端挂点	_大金具_小金具_左回下相导线侧
7	左回下相绝缘子串	_绝缘子_左回下相
8	左回下相绝缘子横担挂点	_大金具_小金具_左回下相横担侧
9	左回中相绝缘子导线端挂点	_大金具_小金具_左回中相导线侧
10	左回中相绝缘子串	_绝缘子_左回中相
11	左回中相绝缘子横担挂点	_大金具_小金具_左回中相横担侧
12	左回上相绝缘子导线端挂点	_大金具_小金具_左回上相导线侧
13	左回上相绝缘子串	_绝缘子_左回上相
14	左回上相绝缘子横担挂点	_大金具_小金具_左回上相横担侧
15	左回地线	_左回地线_大金具_小金具
16	右回地线	_右回地线_大金具_小金具
17	右回上相绝缘子横担挂点	_大金具_小金具_右回上相横担侧
18	右回上相绝缘子串	_绝缘子_右回上相
19	右回上相绝缘子导线端挂点	_大金具_小金具_右回上相导线侧
20	右回中相绝缘子横担挂点	_大金具_小金具_右回中相横担侧
21	右回中相绝缘子串	_绝缘子_右回中相
22	右回中相绝缘子导线端挂点	_大金具_小金具_右回中相导线侧
23	右回下相绝缘子横担挂点	_大金具_小金具_右回下相横担侧
24	右回下相绝缘子串	_绝缘子_右回下相

（续）

编号	部位	照片描述
25	右回下相绝缘子导线端挂点	_大金具_小金具_右回下相导线侧
26	小号侧通道	_通道环境_小号侧
27	大号侧通道	_通道环境_大号侧

③ 单回耐张塔拍摄部位对应照片命名见表4-10。

表4-10　单回耐张塔拍摄部位对应照片命名

编号	部位	照片描述
1	塔全貌	_杆塔_塔全貌
2	塔头	_杆塔_塔头
3	塔身	_杆塔_塔身
4	塔号牌	_附属设施_塔号牌
5	塔基	_基础_塔基
6	左相小号侧绝缘子导线端挂点	_大金具_小金具_左相小号侧导线侧
7	左相小号侧绝缘子串	_绝缘子_左相小号侧
8	左相小号侧绝缘子横担挂点	_大金具_小金具_左相小号侧横担侧
9	左相大号侧绝缘子横担挂点	_大金具_小金具_左相大号侧横担侧
10	左相大号侧绝缘子串	_绝缘子_左相大号侧
11	左相大号侧绝缘子导线端挂点	_大金具_小金具_左相大号侧导线侧
12	左回地线	_左回地线_大金具_小金具
13	右回地线	_右回地线_大金具_小金具
14	中相小号侧绝缘子导线端挂点	_大金具_小金具_中相小号侧导线侧
15	中相小号侧绝缘子串	_绝缘子_中相小号侧
16	中相小号侧绝缘子横担挂点	_大金具_小金具_中相小号侧横担侧
17	中相跳线导线端挂点	_大金具_小金具_中相跳线导线侧
18	中相跳线绝缘子串	_绝缘子_中相跳线
19	中相跳线横担挂点	_大金具_小金具_中相跳线横担侧
20	中相大号侧绝缘子横担挂点	_大金具_小金具_中相大号侧横担侧
21	中相大号侧绝缘子串	_绝缘子_中相大号侧
22	中相大号侧绝缘子导线端挂点	_大金具_小金具_中相大号侧导线侧
23	右相小号侧绝缘子导线端挂点	_大金具_小金具_右相小号侧导线侧
24	右相小号侧绝缘子串	_绝缘子_右相小号侧
25	右相小号侧绝缘子横担挂点	_大金具_小金具_右相小号侧横担侧
26	右相大号侧绝缘子横担挂点	_大金具_小金具_右相大号侧横担侧
27	右相大号侧绝缘子串	_绝缘子_右相大号侧
28	右相大号侧绝缘子导线端挂点	_大金具_小金具_右相大号侧导线侧
29	小号侧通道	_通道环境_小号侧
30	大号侧通道	_通道环境_大号侧

④ 双回耐张塔（有跳线）拍摄部位对应照片命名见表 4-11。

表 4-11　双回耐张塔（有跳线）拍摄部位对应照片命名

编号	部位	照片描述
1	塔全貌	_杆塔_塔全貌
2	塔头	_杆塔_塔头
3	塔身	_杆塔_塔身
4	塔号牌	_附属设施_塔号牌
5	塔基	_基础_塔基
6	左回下相小号侧绝缘子导线端挂点	_大金具_小金具_左回下相小号侧导线侧
7	左回下相小号侧绝缘子串	_绝缘子_左回下相小号侧
8	左回下相小号侧绝缘子横担挂点	_大金具_小金具_左回下相小号侧横担侧
9	左回下相跳线串横担挂点	_大金具_小金具_左回下相跳线横担侧
10	左回下相跳线绝缘子串	_绝缘子_左回下相跳线
11	左回下相跳线串导线端挂点	_大金具_小金具_左回下相跳线导线侧
12	左回下相大号侧绝缘子横担挂点	_大金具_小金具_左回下相大号侧横担侧
13	左回下相大号侧绝缘子串	_绝缘子_左回下相大号侧
14	左回下相大号侧绝缘子导线端挂点	_大金具_小金具_左回下相大号侧导线侧
15	左回中相小号侧绝缘子导线端挂点	_大金具_小金具_左回中相小号侧导线侧
16	左回中相小号侧绝缘子串	_绝缘子_左回中相小号侧
17	左回中相小号侧绝缘子横担挂点	_大金具_小金具_左回中相小号侧横担侧
18	左回中相跳线串横担挂点	_大金具_小金具_左回中相跳线横担侧
19	左回中相跳线绝缘子串	_绝缘子_左回中相跳线
20	左回中相跳线串导线端挂点	_大金具_小金具_左回中相跳线导线侧
21	左回中相大号侧绝缘子横担挂点	_大金具_小金具_左回中相大号侧横担侧
22	左回中相大号侧绝缘子串	_绝缘子_左回中相大号侧
23	左回中相大号侧绝缘子导线端挂点	_大金具_小金具_左回中相大号侧导线侧
24	左回上相小号侧绝缘子导线端挂点	_大金具_小金具_左回上相小号侧导线侧
25	左回上相小号侧绝缘子串	_绝缘子_左回上相小号侧
26	左回上相小号侧绝缘子横担挂点	_大金具_小金具_左回上相小号侧横担侧
27	左回上相跳线串横担挂点	_大金具_小金具_左回上相跳线横担侧
28	左回上相跳线绝缘子串	_绝缘子_左回上相跳线
29	左回上相跳线串导线端挂点	_大金具_小金具_左回上相跳线导线侧
30	左回上相大号侧绝缘子横担挂点	_大金具_小金具_左回上相大号侧横担侧
31	左回上相大号侧绝缘子串	_绝缘子_左回上相大号侧
32	左回上相大号侧绝缘子导线端挂点	_大金具_小金具_左回上相大号侧导线侧
33	左回地线	_左回地线_大金具_小金具
34	右回地线	_右回地线_大金具_小金具
35	右回上相小号侧绝缘子导线端挂点	_大金具_小金具_右回上相小号侧导线侧

（续）

编号	部位	照片描述
36	右回上相小号侧绝缘子串	_绝缘子_右回上相小号侧
37	右回上相小号侧绝缘子横担挂点	_大金具_小金具_右回上相小号侧横担侧
38	右回上相大号侧横担挂点	_大金具_小金具_右回上相大号侧横担侧
39	右回上相大号侧绝缘子串	_绝缘子_右回上相大号侧
40	右回上相大号侧绝缘子导线端挂点	_大金具_小金具_右回上相大号侧导线侧
41	右回中相小号侧绝缘子导线端挂点	_大金具_小金具_右回中相小号侧导线侧
42	右回中相小号侧绝缘子串	_绝缘子_右回中相小号侧
43	右回中相小号侧绝缘子横担挂点	_大金具_小金具_右回中相小号侧横担侧
44	右回中相大号侧绝缘子横担挂点	_大金具_小金具_右回中相大号侧横担侧
45	右回中相大号侧绝缘子串	_绝缘子_右回中相大号侧
46	右回中相大号侧绝缘子导线端挂点	_大金具_小金具_右回中相大号侧导线侧
47	右回下相小号侧绝缘子导线端挂点	_大金具_小金具_右回下相小号侧导线侧
48	右回下相小号侧绝缘子串	_绝缘子_右回下相小号侧
49	右回下相小号侧绝缘子横担挂点	_大金具_小金具_右回下相小号侧横担侧
50	右回下相大号侧绝缘子横担挂点	_大金具_小金具_右回下相大号侧横担侧
51	右回下相大号侧绝缘子串	_绝缘子_右回下相大号侧
52	右回下相大号侧绝缘子导线端挂点	_大金具_小金具_右回下相大号侧导线侧
53	小号侧通道	_通道环境_小号侧
54	大号侧通道	_通道环境_大号侧

任务2　常见架空输电线路部件缺陷识别

任务描述

对架空输电线路进行巡检的主要目的是查找其组成部分的缺陷。架空输电线路巡检员完成巡检任务并把巡检资料移交给数据处理员后，数据处理员要依据架空输电线路导地线、附属设施、杆塔、基础、接地装置、金具、绝缘子、通道环境的缺陷诊断标准完成这些部件缺陷的识别。

任务实施

一、新建文件夹

在计算机中新建文件夹，并命名为"缺陷原图"，并在该文件夹下再建立8个文件夹，文件夹名称分别是"导地线""附属设施""杆塔""基础""接地装置""金具""绝缘子""通道环境"，如图4-38所示。

图 4-38　文件夹及其名称

二、查找缺陷

依照缺陷诊断标准查找缺陷，并将查找到的缺陷分别放到对应的文件夹中，例如，找到地线引下线散股、地线挂点倾斜缺陷，就把缺陷图放到"导地线"文件夹中。

三、缺陷照片名称重命名

在原照片名称后面添加"_缺陷名称"，例如在"线路名称_杆塔号_地线_大金具_小金具"这个照片上发现地线引下线散股缺陷，即将缺陷照片重命名为"线路名称_杆塔号_地线_大金具_小金具_地线引下线散股"。

四、圈示缺陷

圈式缺陷有两种方法，一是新建文件夹并重命名为"缺陷圈示"，接着对"缺陷原图"文件夹中的照片进行复制并粘贴到"缺陷圈示"文件夹中，然后把相应缺陷在照片上对应位置圈出；二是复制"缺陷原图"文件夹并粘贴，然后把粘贴文件夹重命名为"缺陷圈示"，再把相应缺陷在照片上对应位置圈出，并使"缺陷圈示"和"缺陷原图"两个文件夹在同一个目录下。

五、撰写报告或上传平台

根据客户需求撰写缺陷报告或者把缺陷照片上传至相关平台。

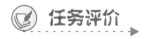 任务评价

将学生完成任务的情况及评分填入表 4-12 中。

表 4-12　常见架空输电线路部件缺陷识别评价表

序号	内容	要求	分值	评价			得分
				学生自评	学生互评	教师评价	
1	职业素养	文明礼仪	5				
2		安全纪律	10				
3		行为习惯	5				
4		工作态度	5				
5		团队合作	5				

（续）

序号	内容	要求	分值	评价			得分
				学生自评	学生互评	教师评价	
6	缺陷识别	文件名正确	10				
7		缺陷识别正确	30				
8		能识别出所有缺陷	10				
9		缺陷照片重命名正确	10				
10		正确圈示缺陷	10				
综合评价							

知识链接

架空输电线路各部件缺陷诊断标准及常见缺陷。

一、导地线

导地线包括导线、地线、地线引下线、引流线和阻尼线。

（1）缺陷诊断标准 导地线出现下列情况之一，可判定为有缺陷。

1）有断股、损伤、烧伤痕迹。

2）导线弛度三相不平衡，出现过紧、过松现象。

3）接头不良，有过热现象；连接线夹弹簧垫不齐全，螺母出现松动、缺失。

4）导线对地及交叉跨越距离不满足要求及跳线有损伤、断股、歪扭，与杆塔、构件其他引线间距离不符合规定。

5）导线压接管、并沟线夹及耐张引流线夹有过热变色、变形、螺钉松动、烧伤现象。

（2）常见缺陷 导地线常见缺陷有散股（图 4-39a）、断股（图 4-39b）、连接处脱落（图 4-39c）、与其他部分接触并产生摩擦（图 4-39d）。

a) 散股   b) 断股   c) 连接处脱落   d) 与其他部分接触并产生摩擦

图 4-39 导地线常见缺陷

二、附属设备

附属设备主要包括塔号牌、警示牌、鸟刺（图 4-40）、防鸟板、驱鸟器（图 4-41）及放电装置（图 4-42）。

图 4-40　鸟刺

图 4-41　驱鸟器

图 4-42　放电装置

（1）缺陷诊断标准　附属设备出现下列情况之一，可判定为有缺陷。

1）塔号牌、警示牌标志不齐全、不清楚、预脱落。

2）相序牌不齐全、不清楚、方向不对。

3）放电装置间隙过大或过小。

4）鸟刺没打开、驱鸟器损坏。

（2）常见缺陷　附属设备常见缺陷有塔号牌/警示牌/相序牌缺失（图 4-43a）、预脱落（图 4-43b）、被遮挡（图 4-43c），相序牌方向不正确（图 4-43d），放电装置间隙过大（图 4-43e）或过小（图 4-43f），鸟刺没打开（图 4-43g），驱鸟器损坏（图 4-43h）等。

a) 牌缺失

b) 塔号牌预脱落

c) 塔号牌被遮挡

d) 相序牌方向不正确

e) 放电装置间隙过大

f) 放电装置间隙过小

g) 鸟刺没打开

h) 驱鸟器损坏

图 4-43　附属设备常见缺陷

三、杆塔本体

（1）缺陷诊断标准　杆塔本体出现下列情况之一，可判定为有缺陷。

1）部件不齐全，有弯曲、变形。

2）直线杆、转角杆倾斜度 ≥15/1000，转角杆向内角倾斜，终端杆向导线侧倾斜、向拉线侧倾斜 ≥200mm，电杆的埋深没有达到杆长的 1/6。

3）在杆塔上筑有危及供电安全的鸟巢，落有风筝、杂物以及有蔓藤类植物附生。

4）在杆塔上违规架设电力线、通信线，以及安装广告牌等。

（2）常见缺陷　杆塔本体常见缺陷主要有塔身或横担有鸟巢（图4-44a）或异物（图4-44b）、缺螺栓（图4-44c）、缺螺母或防盗螺母（图4-44d）、缺脚钉（图4-44e）、缺防松圈，螺母、防盗螺母、防松圈、并帽松动（图4-44f），塔材变形（图4-44g）、缺失、安装不规范、锈蚀。

a) 有鸟巢

b) 有异物

c) 缺螺栓

d) 防盗螺母缺失及松动

e) 缺脚钉

f) 螺母松动

g) 塔材变形

图 4-44　杆塔常见缺陷

四、杆塔基础

（1）缺陷诊断标准　杆塔基础出现下列情况之一，可判定为有缺陷。

1）基础周围土壤有突起、沉陷或被水冲刷，或是有取土现象。

2）基础有裂纹、损坏、下沉、上拔、积水或被掩埋。

3）基础保护帽风化破碎、裂纹。

4）挡土墙、护坡有隐患。

5）地脚螺栓外露、缺螺母、松动。

（2）常见缺陷　杆塔基础的常见缺陷主要有塔基破损（图4-45a），塔基被树木覆盖（图4-45b）、被植被缠绕（图4-45c）、被土覆盖（图4-45d）、被水淹没（图4-45e）等，塔基下面有杂物（图4-45f）或建筑物（图4-45g）等。

五、接地装置

（1）缺陷诊断标准　接地装置出现下列情况之一，可判定为有缺陷。

1）接地引下线与杆塔连接不牢固。

2）接地引下线断线、锈蚀。

3）接地网外露、损坏、锈蚀。

4）接地螺栓被埋。

a) 塔基破损　　　b) 被树木覆盖　　　c) 被植被缠绕　　　d) 被土覆盖

e) 被水淹没　　　f) 有杂物　　　g) 有建筑物

图 4-45　杆塔基础常见缺陷

（2）常见缺陷　接地装置常见缺陷有接地引下线断开（图 4-46a）、缺失、锈蚀、缺螺栓（图 4-46b）、安装不规范（图 4-46c），接地螺栓缺失、锈蚀等。

a) 接地引下线断开　　　b) 接地引下线缺螺栓　　　c) 接地引下线安装不规范

图 4-46　接地装置常见缺陷

六、金具

（1）缺陷诊断标准　金具出现下列情况之一，可判定为有缺陷。

1）金具锈蚀、变形、磨损或有裂纹。

2）金具上的销缺损或脱出、螺栓松动或脱落、螺母松动或脱落。

3）防振锤脱落、损坏、发生位移。

4）防振锤、间隔棒、均压环、阻尼线等，发生锈蚀、变形、断裂、倾斜情况。

5）连接管、预绞丝异常。

（2）常见缺陷　金具常见缺陷主要有金具破损（图 4-47a）、锈蚀、变形（图 4-47b）、铝包带安装不规范（图 4-47c）、防振锤发生位移（图 4-47d）、均压环倾斜（图 4-47e）、缺铝包带（图4-47f）、缺螺母（图4-47g）、缺螺栓（图4-47h）、缺销（图4-47i）、缺垫片（图4-47j），螺母松动（图4-47k），有异物（图4-47l）等。

a) 金具破损

b) 金具变形

c) 铝包带安装不规范

d) 防振锤发生位移

e) 均压环倾斜

f) 缺铝包带

g) 缺螺母

h) 缺螺栓

i) 缺销

j) 缺垫片

k) 螺母松动

l) 有异物

图4-47 金具常见缺陷

七、绝缘子

绝缘子是指安装在不同电位的导体或导体与接地构件之间的能够耐受电压和机械应力作用的器件，依据所用材料可分为瓷质绝缘子、玻璃绝缘子和复合绝缘子。

（1）缺陷诊断标准 绝缘子出现下列情况之一，可判定为有缺陷。

1）绝缘子污秽不堪。

2）绝缘子有裂纹、破损或锈蚀。

3）合成绝缘子电蚀或有闪络痕迹。

4）玻璃绝缘子有自爆或闪络痕迹。

5）绝缘子倾斜。

（2）常见缺陷 绝缘子常见缺陷有绝缘子伞裙变形（图4-48a）、伞裙破损（图4-48b）、脏污、锈蚀、自爆等。

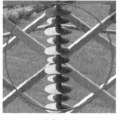

a) 伞裙变形　　　　　　　　　b) 伞裙破损

图4-48 绝缘子常见缺陷

八、通道环境

（1）缺陷诊断标准 通道环境出现下列情况之一，可判定为有缺陷。

1）在线路保护区内有施工活动（如建筑、爆破、机耕、钻探、地下采掘等）。

2）在线路保护区内有易燃易爆设施或者物品。

3）在线路防护区内有超高的树或竹。

4）在线路防护区内有超高的机械设备。

5）交叉跨越及邻近物距离不符合要求。

6）在杆塔或拉线上拴牲畜、悬挂物件。

7）防洪设施损坏、排水沟不畅通。

8）巡线通道、便桥等不畅通。

（2）常见缺陷 通道环境常见缺陷有通道下施工（图4-49a），有房屋（图4-49b）、有水域（图4-49c）、有大棚（图4-49c）、有树木等。

a) 施工　　　　　　　　b) 有房屋　　　　　　　　c) 有水域和大棚

图4-49 通道环境常见缺陷

项目总结思维导图

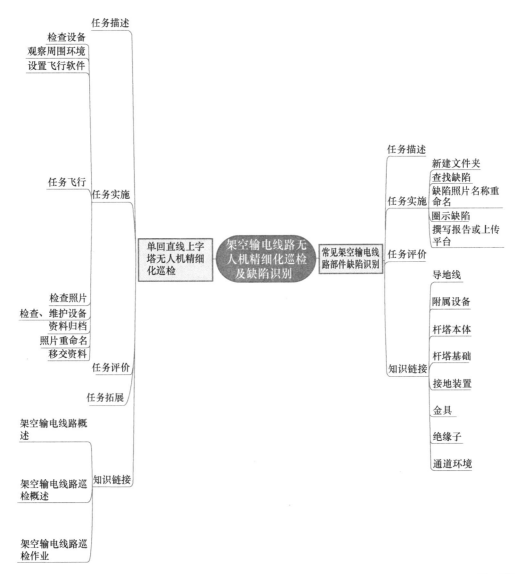

思考与练习

一、选择题

1. 按塔头形状，杆塔主要有（　　　）。

A. 直线塔、猫头形、上字形、门字形、干字形、羊角形

B. 酒杯形、猫头形、上字形、门字形、干字形、羊角形

C. 酒杯形、猫头形、上字形、门字形、干字形、耐张塔

D. 酒杯形、猫头形、上字形、门字形、干字形、转角塔

2. 按照拍摄顺序，杆塔主要拍摄部位主要有（　　　　）。

A. 塔全貌、塔身、塔头、塔号牌、绝缘子、各挂点金具、通道

B. 通道、塔头、塔身、塔号牌、绝缘子、各挂点金具、塔全貌

C. 塔全貌、塔头、塔身、塔号牌、绝缘子、各挂点金具、通道

D. 塔全貌、塔头、塔身、塔号牌、通道、绝缘子、各挂点金具

3. 依据杆塔巡检作业基本原则，无人机驾驶员应该面向杆塔侧面，左手边是（　　　　）。

A. 大号侧　　　　B. 中号侧　　　　C. 大、小号侧　　　　D. 小号侧

4. 一条输电线路中，使用最多的是（　　　　）。

A. 直线塔和耐张塔　　　　　　　　B. 换位塔和大跨越高塔

C. 转角塔和终端塔　　　　　　　　D. 直线塔和转角塔

5. 根据（　　　）测量数据，可以检测电力线路绝缘子局部及导线接头异常发热等内部缺陷。

A. 可见光相机　　B. 红外相机　　C. 紫外相机　　　　D. 雷达

6. 根据（　　　）的测量数据，可以检测电力线路外观缺陷以及环境通道状况。

A. 可见光相机　　B. 红外相机　　C. 紫外相机　　　　D. 雷达

7. 根据（　　　）的测量数据，可以获得地理信息参数。

A. 可见光相机　　B. 红外相机　　C. 紫外相机　　　　D. 雷达

8. （　　　）因具有航时短、灵活、操纵简单等优点，常用于日常巡检、特殊巡检（小范围）、故障巡检和专项巡检。

A. 固定翼无人机　　　　　　　　　B. 大型无人直升机

C. 多旋翼无人机　　　　　　　　　D. 直升机

9. 塔身螺栓内外均有锈蚀，出现坑洼、鼓包现象，属于（　　　　）。

A. 一般缺陷　　　B. 严重缺陷　　C. 不是缺陷　　　　D. 紧急缺陷

10. 瓷质绝缘子锁紧销断裂、缺失、失效，属于（　　　　）。

A. 不是缺陷　　　B. 一般缺陷　　C. 严重缺陷　　　　D. 紧急缺陷

二、判断题

1. 连接承力塔（耐张塔、转角塔和终端杆塔）两侧导线的引线，称为跳线。（　　　）

2. 线夹、挂板、挂环、防振锤、间隔棒、导线等，都属于线路金具。（　　　）

3. 无人机巡检与人工巡检相比，主要优势是效率高、安全，能及时发现缺陷。（　　　）

4. 进行无人机巡检作业前不需要办理空域申请手续。（　　　）

5. 无人机巡检的基本原则是驾驶员面向杆塔大号侧先从左边拍然后再从右边拍，左边是从下到上拍，右边是从上至下拍，通道先拍小号侧再拍大号侧。（　　　）

6. 《架空输电线路无人机巡检系统配置导则》规定，架空输电线路无人机巡检系统不需配置维修保养人员。（　　　）

7. 一般采用平视拍摄塔全貌。（　　　）

8. 绝缘子掉串未造成事故属紧急缺陷。（　　　）

9. 在《架空输电线路无人机巡检技术》的无人机巡检机载系统的检测技术中，三维激光雷达是目前世界上唯一能对导线建模的技术。 （　　）

10. 小型多旋翼无人机巡检不具备手动拍照功能。 （　　）

三、简答题

1. 简述单回路上字直线塔的巡检部位及顺序。

2. 简述双回路耐张塔的基本拍摄原则。

3. 导线常见缺陷主要有哪些？

4. 简述绝缘子串的缺陷诊断标准。

5. 架空输电线路的哪些部位常出现缺陷？

项目5
无人机农业植保应用

项目描述

　　无人机植保的任务过程属于植保服务工作流程中的执行任务作业环节，使用的重要设备为植保无人机。植保无人机又名植保无人飞行器，顾名思义，是用于农林植物保护作业的无人驾驶飞行器。该系列无人机由飞行平台（固定翼、直升机、多轴飞行器）、导航飞控、喷洒机构三部分组成，通过地面遥控或导航飞控实现喷洒作业，可以喷洒药剂、种子、粉剂等。

　　植保无人机具有作业高度低、飘移少、可空中悬停、无须专用起降机场、旋翼产生的向下气流有助于增加雾流对作物的穿透性、防治效果好、可远距离遥控操作、喷洒作业安全性高等诸多优点。另外，植保无人机喷洒技术采用喷雾喷洒方式，至少可以节省50%的农药使用量和90%的用水量，这将在很大程度上降低资源成本，也减少了人员聚集带来的接触风险。

　　本项目主要使用农业植保无人机对农田进行农药喷施作业。通过该项目的学习，学生了解植保无人机作业的特点、作业流程和作业注意事项，有利于保障生产安全，提高无人机的使用效率和效果，降低使用成本。

学习目标

1. 素养目标

（1）爱岗敬业、诚实守信。

（2）培养文明实践，精益求精的劳动精神。

（3）培养质量意识、环保意识和安全意识。

（4）具有自我管理和职业生涯规划能力。

2. 知识目标

（1）掌握植保无人机的操作方法。

（2）掌握基站的架设方法，无人机的起降与设备保养方法。

（3）了解各种农作物应使用的药剂类型。

（4）学会判断适合无人机植保的农作物作业时间。

（5）掌握植保无人机作业时对农药使用的要求。

（6）了解植保无人机的喷洒系统。

（7）掌握植保无人机作业完成后的存放要求。

3. 能力目标

（1）能运用准确的语言进行有效的人际沟通。

（2）能手动熟练操控无人机及相关任务设备完成农业植保任务。

（3）能依据操作规范，熟练使用相关设备、工具和调试软件，能对植保无人机进行装配、调试、故障分析和养护。

（4）能依据农作物生长要求，依规进行农药配置。

任务 1　植保无人机及地块准备

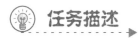 **任务描述**

　　本任务首先根据无人机植保作业任务要求准备好植保无人机，然后进行地块的测量，再完成植保作业的航线规划。

 任务实施

一、植保任务的前期准备

　　每次进行植保作业前，都应提前对任务进行规划及分工安排。

　　1）确定任务总量，包括农作物类型、作业面积、地形地貌、病虫害情况、防治周期、使用药剂类型以及是否有其他特殊要求。根据作业区作物及病虫害情况、农药使用说明或咨询当地农业植保部门，确定药品、药量以及配药标准。

　　2）勘察地形，确定是否适合无人机植保作业，确定农田中的不适宜作业区域，与农户沟通，掌握农田病虫害情况，提前制订作业方案。

　　3）提前查询作业区域的天气情况，提前确定天气数据，保证作业的安全性。

　　4）制订突发情况的处理预案，确定植保无人机发生故障的紧急迫降点，并确保该迫降点远离人群，确定万一出现人员中毒症状时的应对的处理办法。

二、确认设备需求

　　确认设备需求可按照以下思路来进行。

　　1）作业任务的总亩数：如本次作业任务面积为 1200 亩[⊖]。

　　2）要求的作业天数：客户要求一天内完成作业。

　　3）植保无人机作业效率：成熟的植保队单机作业效率一般为 300 亩/天。

　　4）任务设备的准备：保守计算，建议派出 5 台植保无人机，其中一台为备用机。

　　5）需派遣的人员：建议派遣 4 名无人机操控人员（暂以一人一车一机计算）。

三、准备任务所需设备

　　1）电池：按每台植保无人机 8 块电池计算（数量过少有可能导致电池保障不足或电池高温充电，缩短电池使用寿命）。

　　2）工具：维修工具（老虎钳、内六角扳手套装、剪刀等）；通信工具，如对讲机（切记要使用合格产品，否则因产品质量不合格造成炸机就得不偿失了）。

　　3）小工具：牙刷（可以用来疏通喷头）；备用喷头（可以在喷头故障无法排除时及时更换）。

　　⊖　1 亩 ≈ 666.7m²。

4）发电机：部分作业地区远离居民区，或者是无电网覆盖，这时必须要有发电机来提供可靠电源。

5）配件：整体机臂配件，便于在配件损坏时及时更换。有条件的还可以准备一些电动机、电子调速器（电调）等，方便作业时随时更换。

6）防护设备：防护眼镜、口罩、工作服、遮阳帽、手套，以保证作业安全。

7）配药工具：大桶（用于配制农药的容器，要带有刻度）；母液桶（用于配制母液的容器，配好后倒入大桶）；小桶（10L 装小桶，配好的药液倒入小桶，随时备用）；漏斗（带过滤网，便于在将药液倒入小桶时方便操作及过滤）。

8）药剂准备：植保队自带农药（需要在出发前根据作业量准备相应的农药）；用户提供农药（需要事先沟通，请用户准备适合的水基化药剂，如水乳剂、微乳剂、悬浮剂、水剂等）。

9）运输转场设备：整机箱（运输时用于防撞、隔绝气味）；电池箱（收纳、防撞、防自燃）。

10）人员准备：一台多旋翼植保无人机需要一名无人机操控人员和一名地勤（不同的作业模式与分工，人员会有不同，但总体为 1~2 人）。地勤是作业保障人员，承担配药、加药、充电等工作。

四、植保无人机的激活

1. 准备工作

当拿到植保无人机后，第一件事是要进行植保无人机的激活。在激活之前需要完成以下四项准备工作。

（1）在大疆官网或大疆农服 App 上注册账号　可以用电子邮箱或手机号码注册，建议使用手机号码注册，方便记忆，如密码丢失，也可快速找回。注册界面如图 5-1 所示。

（2）对注册的账号进行实名认证　根据国家相关法律法规，植保无人机需要进行实名认证，如图 5-2 所示，个人需登记身份信息以及联系方式，公司需登记公司信息以及无人机操控人员信息。

图 5-1　注册界面

图 5-2　账号实名认证

（3）在手机上下载大疆农服 App　大疆农服 App 具有以下功能。

1）飞行数据统计：统计作业面积、作业时间、飞行轨迹等。

2）地块管理：地块云端保存，重复调用。

3）操作学习：植保无人机操作技巧、用药方案。

（4）无人机操控人员认证　账号必须完成无人机操控人员认证（获取基础飞行驾照或标准飞行驾照）后，才能操控植保无人机，如图5-3所示。

2. 激活操作

当前期准备工作完成后，便可进行激活操作了，一共有四个激活步骤。

（1）遥控器激活　在遥控器上登录已注册的大疆账号。

图5-3　无人机操控人员认证

（2）植保无人机激活　在遥控器内插入网卡，连接植保无人机，进行植保无人机激活。

（3）充电器激活　使用遥控器或 DJI Assistant 2 For MG 调参软件连接遥控器进行激活。

（4）网络 RTK 激活　连接遥控器与植保无人机，选择网络 RTK 激活，激活套餐共一年，分为 A、B 两个套餐。应在确认开始作业后再进行网络 RTK 激活，以免浪费 RTK 的有效使用时间。

🔍 **小提示**

激活操作需要在网络良好且飞行器通电的前提下进行。

3. 植保无人机充电

（1）遥控器充电操作　植保无人机遥控器电池分为内置电池与外置电池，一般先使用外置电池，后使用内置电池，总续航时间可达4h。为内置电池充电时一定要使用原装充电器，使用非原装充电器会导致充电缓慢甚至无法充电，并会发出报警提示。使用原装充电器充电时间为2h左右，建议中午和晚上进行充电，以保障遥控器可正常作业。遥控器内置电池充电示意图如图5-4所示。

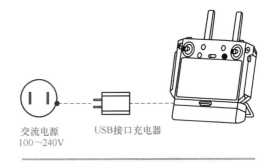

交流电源
100～240V
USB接口充电器

图5-4　遥控器内置电池充电示意图

外置电池充电比较快，只需45min即可充满。一般作业时可通过更换外置电池来保障续航时间。遥控器外置电池充电示意图如图5-5所示。

（2）植保无人机充电　使用四通道2600W充电器时，建议用附赠的导地线连接外壳，否则在充电过程中接触充电

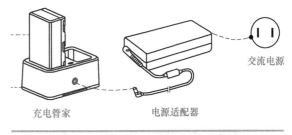

交流电源
充电管家
电源适配器

图5-5　遥控器外置电池充电示意图

器操作面板时可能有静电。植保无人机电池充电示意图如图5-6所示。

农户家庭电路一般承受功率较小，不可超功率使用，否则可能烧毁线路，给农户造成损失。植保无人机四通道充电器快充慢充的功率都是2600W，当两个充电器同时使用时，会造成线路老化甚至引发火灾。

植保无人机采用折叠设计，应首先展开机臂 M2 和 M6，并将套筒拧紧，使机臂依次展开。其电动机旋转属性及角度示意图如图 5-7 所示。

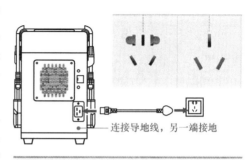

图 5-6　植保无人机电池充电示意图

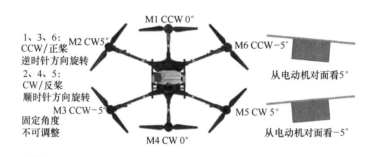

图 5-7　电动机旋转属性及角度示意图

五、植保任务规划

1. 遥控器的检查

1）外观检查。检查遥控器外观，将天线展开并调整天线位置，不同的天线位置接收到的信号强度不同，如图 5-8 所示。当天线与遥控器背面成 80°或 180°夹角，且天线平面正对植保无人机时，可使遥控器与植保无人机的信号质量达到最佳状态。

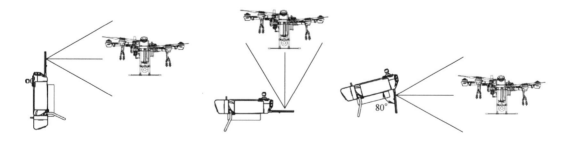

图 5-8　遥控器天线的最佳角度

2）电池电量与摇杆模式检查。检查遥控器内置电池电量与外置电池电量，如图 5-9 所示；然后开机检查摇杆模式，如果不是自己习惯的摇杆模式，极易造成炸机。

如果在开机过程中遥控器发出"滴滴"的报警声，可能存在两种情况：一是遥控器电量过低，二是遥控器遥杆不居于中位，需要进行遥控器摇杆校准。

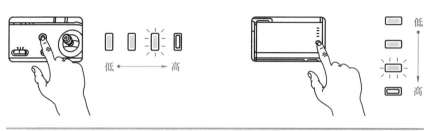

图 5-9　遥控器电池电量指示

小提示

在使用外置电池时，仍需要确保内置电池有一定的电量，否则遥控器将无法开机。

2. 植保无人机的检查

1）机臂的检查。首先展开机臂 M2 和 M6，拧紧套筒，再依次展开机臂 M3 和 M5、M1 和 M4，拧紧套筒，如图 5-10 所示。当多人进行拧紧套筒操作时，非常容易出现忘记拧紧套筒的情况，建议由一个人最终确认，检查套筒是否安装到位。

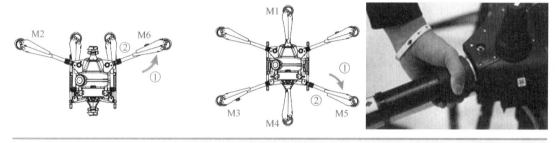

图 5-10　植保无人机机臂的检查

2）电动机的检查。检查电动机外观，定期检查电动机动平衡是否良好。

3）桨叶的检查。将桨叶展开到 160°～200°，如图 5-11 所示。如果未将桨叶展开就起动植保无人机，初期会造成电动机动平衡失效，机臂、机身会伴有强烈抖动，长期可能损伤电动机。

4）电池的检查。检查电池外观是否破损、鼓包，电池电量是否满格。安装时需注意，插上电池后，应发出"咔"的电池锁扣扣住的声音，说明电池锁扣已扣紧，此时轻拉无法拔出电池，如图 5-12a 所示。如

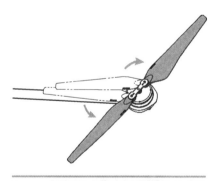

图 5-11　桨叶展开方式

果电池锁扣未扣紧（图 5-12b），植保无人机起飞后的振动会使电池松动，可能导致空中断电炸机。

3. 规划地块

（1）地块的规划方式　根据应用场景的不同，遥控器内置三种规划方式：遥控器规划、RTK 模块规划、飞行规划。这三种规划方式基本类似，主要区别在于规划的精度不同。三种规划方式的选择界面如图 5-13 所示。

a) 正确示范:电池锁扣已扣紧　　　　　b) 错误示范:电池锁扣未扣紧

图 5-12　电池锁扣

图 5-13　规划方式选择界面

1) 遥控器规划。遥控器规划精度较低,在无 RTK 覆盖地区或 RTK 网络套餐用完的情况下,可以选择遥控器规划。因遥控器规划精度较低,设置内缩距时需注意,当单边有障碍物时,需要将有障碍物单边的内缩距调整到 2.5m 以上。如需要进行遥控器规划,需要将 RTK 模块从遥控器上取下,使植保无人机处于断电状态,否则无法进入遥控器规划。

2) RTK 模块规划。RTK 模块规划的精度为厘米级,远高于遥控器规划的精度。使用 RTK 模块规划时,需要将 RTK 模块安装在遥控器 USB 接口上,且使植保无人机处于断电状态,否则无法进入 RTK 模块规划。

3) 飞行规划。飞行规划的速度相对较快,配合 FPV 摄像头能快速进行飞行打点,但操作难度较高,需要平时加强手动操作训练。特别是北方地区,作业地块比较大而且规整,此类地区用户需特别加强飞行规划的操作技能。在进行飞行规划时,要将遥控器上的 RTK 模块取下,否则无法进入飞行规划。

(2) 规划流程　使用三种规划方式的操作流程相似,下面以 RTK 模块规划为例进行说明,如图 5-14 所示。

1) 确保 RTK 高精度模块已安装至遥控器,单击"规划地块"按钮,选择"RTK 模块规划",在 RTK 设置中选择 RTK 信号源,并完成相应设置,确保界面上方的状态栏为绿色。

2) 添加航点。手持遥控器沿区域边界行走,在拐弯处单击"添加航点 C2"按钮,在行走时,遥控器每秒钟会自动生成一个白点,在规划中如忘记打点,后期编辑航点时以白点作为参照可补加航点,如图 5-15 所示。

图 5-14　打开 RTK 模块规划（见彩插）

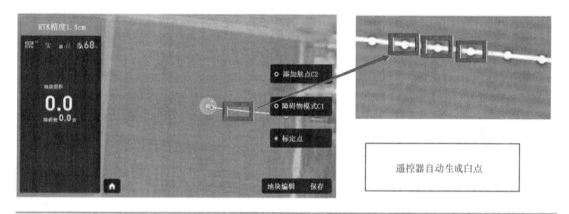

图 5-15　添加航点（见彩插）

3）障碍物的测量。障碍物的测量方式与航线规划方式相似，当行走至障碍物附近时，单击"障碍物模式 C1"按钮，然后围绕障碍物行走，单击"添加障碍物点 C2"按钮，如图 5-16 所示。测量完障碍物后需结束障碍物的测量。

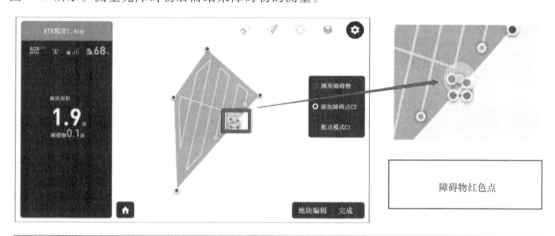

图 5-16　障碍物测量（见彩插）

4）标定点的添加。行走至标定点实际位置，单击"标定点"，进行标定点的添加，如图 5-17 所示。标定点用于纠正定位误差引起的航线偏差。在作业区域附近的开阔位置，选择一个或多个长期固定存在且易辨识的参照物作为标定点，如地钉或其他明显的标记物体，以便进行同一作业时纠正偏移。

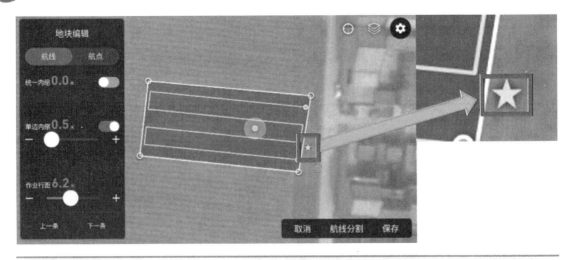

图 5-17　标定点的添加（见彩插）

（3）地块编辑　地块编辑分为航点编辑与航线编辑，如图 5-18 所示。

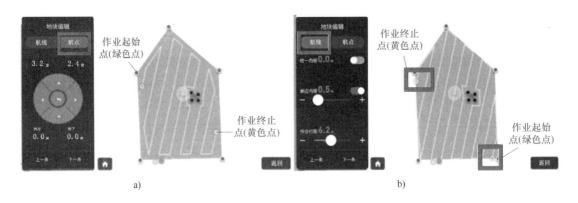

图 5-18　地块编辑（见彩插）

1）航点编辑。单击任意航点，可通过图 5-18a 左侧的圆盘调整航点位置；长按航线中的任意位置，可添加障碍物，编辑航点时需以遥控器小白点作为参照，否则容易出现误差。一般情况下，较少使用航点编辑。

2）航线编辑。

① 航线方向的调整：单击并拖动屏幕上的黄色点，调整航线方向（绿色点为作业起始点，黄色点为作业终止点）。调整航线方向时，应注意作业点位置的变化，选择最优的起始点位置，也可单击屏幕上的黄色点，在弹出的航向微调界面上微调航线方向后，单击"保存"按钮。

② 统一内缩：用于根据作业环境判断内缩距离。作业地块周围无障碍物时，可将作业内缩距离调小。

③ 单边内缩：单击屏幕上需要调整的航线，可进行单边内缩的编辑。编辑时需要判断好作业实际边界需要内缩的位置，以免选错边界。

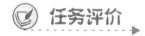 **任务评价**

将学生完成任务的情况及评分填入表 5-1 中。

表 5-1 植保无人机及地块准备评价表

序号	内容	要求	分值	评价			得分
				学生自评	学生互评	教师评价	
1	职业素养	文明礼仪	5				
2		安全纪律	10				
3		行为习惯	5				
4		工作态度	5				
5		团队合作	5				
6	任务准备	作业前期准备	20				
7		植保任务规划	30				
8		设备检查	20				
综合评价							

 **任务拓展**

完成三种以上不同类型地块的植保无人机作业规划。

知识链接

一、植保无人机航线规划技巧

在进行植保无人机航线规划时，需要根据场地具体情况设置合理的航线，而下面这些航线规划技巧，能进一步提升作业效率。

1. 边距内缩原则

（1）有障碍物时的边界内缩距离　当边界有障碍物时，为避免植保无人机自动飞行时撞到障碍物，需留出一定的安全距离。假设植保无人机的喷幅为 5m，则预留 1~5m 的安全距离，且增加一条作业航线。这时为保证安全，边界内缩距离应该选择 5m。综上所述，当边界有障碍物时，保守的边界内缩方案是选择内缩一个喷幅的距离。

（2）无障碍物时的边界内缩距离　当边界无障碍物时，有人以为边界内缩半个喷幅，刚好喷到边界，此时最合适。其实不然，田间作业环境多变，假如喷洒时来一阵风，半个喷幅的内缩很容易因为风吹而造成漏喷。因此在边界无障碍物时，可以把喷幅覆盖范围设置为超出边界 1m 左右（在不影响周边作物的情况下），这样可减少因环境变化而引起的漏喷情况。

2. 长航线原则

在规划航线时，航线长度越长越好。众所周知，植保无人机作业换行的过程相比正常航线飞行要慢得多，频繁的航线换行会浪费时间与电量，如图 5-19 所示。因此，为了提高作业效率，降低作业成本，规划航线时应尽量以长航线为主，如图 5-20 所示。

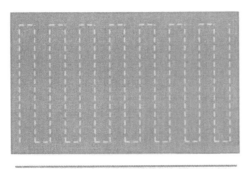

图 5-19　短航线换行频繁

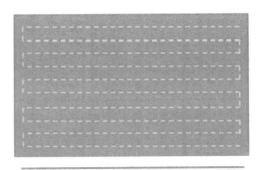

图 5-20　长航线效率高

不过，经过测试发现，当航线长度超出 200m 后，效率的提升就不太明显了。比如，一块地宽 200m、长 400m，而飞 200m 的航线和 400m 的航线，效率相差不多，这时可以根据具体环境因素来决定飞 200m 航线还是 400m 航线。

3. 坡地作业原则

（1）常规坡地作业航线规划　在规划坡地作业航线时，应该沿坡地等高线设置航线。如设置成常规爬坡航线，因植保无人机在作业全程都需要比平地作业消耗更多的动力，以完成爬坡、下坡，所以会耗费更多的电量。

（2）等高线坡地作业航线规划　如果是执行等高线坡地作业，其航线与平地飞行作业是相似的，只需在短暂的换行时拔高、降低。这与长航线作业方式比较，大大提升了作业效率并且降低了坠机风险。

在坡地作业时，以等高线作业航线为例分析，假如植保无人机的换行横移距离是 5m，那么我们就需要知道，在当前作业的坡地上横移 5m，坡地高度变化了多少。假如植保无人机横移 5m，坡地高度升高 1m，正常最低作业高度不小于 1.5m，为保证植保无人机横移时足够安全，此时最低高度应该设置为 1m+1.5m＝2.5m。这样每次植保无人机横移时便有 1.5m 以上的安全高度作为缓冲，可大幅减少发生意外的概率。

二、遥控器的使用

遥控器功能按钮的位置示意图如图 5-21～图 5-23 所示。

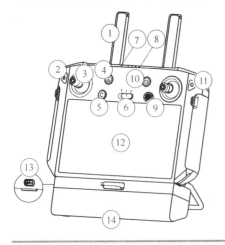

1—天线
2—退回按钮/系统功能按钮
3—摇杆
4—智能返航按钮
5—C3按钮(可自定义)
6—飞行模式切换开关
7—状态指示灯
8—电量指示灯
9—五维按钮(可自定义)
10—电源按钮
11—确认按钮
12—触摸显示屏
13—USB-C充电接口
14—无线上网卡舱盖

遥控器简介

图 5-21　遥控器功能按钮（正面）

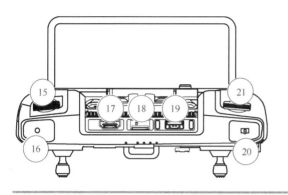

15 — 流量调节拨轮
16 — 喷洒按钮
17 — HDMI接口
18 — MicroSD卡槽
19 — USB-A接口
20 — FPV/地图切换按钮
21 — 多机控制切换拨轮

图 5-22　遥控器功能按钮（顶部）

遥控器布局与开机

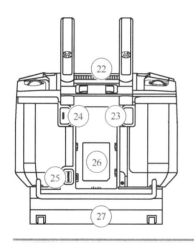

22—出风口
23—C1按钮(可自定义)
24—C2按钮(可自定义)
25—电池解锁按钮
26—电池舱
27—提手

遥控器微调

图 5-23　遥控器功能按钮（背面）

遥控器天线的使用

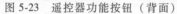

　　1）遥控器操作分为左手油门与右手油门（大疆植保无人机要求出厂默认为左手油门）。当拿到一个陌生的遥控器时，要确定是否是自己习惯的操作模式，下面以左手油门为例进行介绍，如图 5-24 所示。

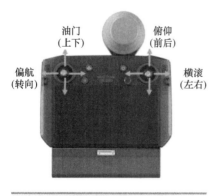

图 5-24　遥控器操作（左手油门）

遥控器通道

遥控器屏幕界面控制面板的操控方法

　　展开遥控器天线，操作时用拇指 1/3 处分别按住摇杆，食指分别轻压喷洒按钮与 FPV/地图切换按钮，其他手指托住遥控器机身，保持遥控器的稳定。

勿在手动操作时，拇指离开操作杆或进行脉冲式打杆，手动操作时应全程注意植保无人机的飞行姿态，并保持 6m 以上的安全操作距离。

2）遥控器 App 操作首界面，如图 5-25 所示。

图 5-25　遥控器 App 操作首界面

遥控器油门锁定

为了方便大家记忆与理解，将遥控器 App 操作首界面信息分为前期作业准备工作需要查看的信息与植保无人机飘窗报错信息两类。

① 前期作业准备工作需要查看的信息，序号与内容如下：

1—任务管理，查看作业进度与规划地块；

2—用户信息，查看已登录的用户信息；

6—扩展件连接状态，检查外接 RTK 模块是否正常连接；

7—遥控器外置电量；

8—4G 无线网卡信号强度（当没有 4G 信号时，无法使用网络 RTK）；

9—遥控器内置电量（区分于遥控器外置的信息）；

10—固件升级提示，应及时进行更新；

11—显示是否连接飞行器；

12—规划地块，可选择地块规划方式，进行地块规划。

② 植保无人机飘窗报错信息，序号与内容如下：

3—设备管理，查看已连接设备信息，如固件版本等，可以通过升级固件处理版本报错信息；

4—故障排查，查看各模块故障解决办法以及上传故障。排查完故障后问题依旧存在，可通过日志上传，大疆工程师将会第一时间通过上传日志对植保无人机进行数据分析，缩短故障维修周期；

5—通用设置，对网络 RTK、网络诊断、安卓系统等，当网络 RTK 精度过低时，可以进行网络排查。

3）遥控器 App 操作执行界面，如图 5-26 所示。

遥控器定时器的使用

遥控器失控保护

遥控器混控

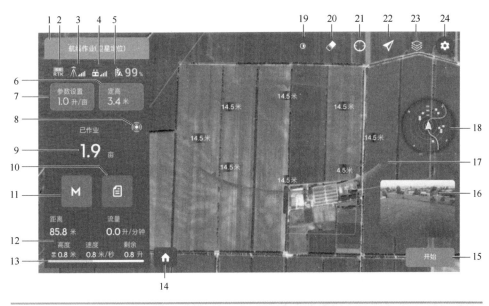

图 5-26　遥控器 App 操作执行界面

执行作业界面包含植保无人机基础状态信息、辅助功能设置、作业地块信息及参数设置等内容，具体如下。

1—飞行器状态提示。显示飞行器的飞行模式、作业模式及各种警示信息，点击可进入飞行器健康系统，查看及诊断各模块状态、上传模块状态日志等。

2—RTK/GNSS 信号强度。若开启 RTK，其右上角为获取的卫星数。上方为 RTK 状态，共有三种：固定，表示差分数据解算完成，飞行器可以使用 RTK 定位，在此状态下飞行器方可起飞；浮点，表示正在解算差分数据，需等待显示为固定；单点，表示未获取到差分数据，需等待显示为固定。若 RTK 未工作，表示当前获取的 GNSS 卫星数及信号强度。

3—RTK 连接状态。使用 RTK 数据时配合 D-RTK2 移动站或网络 RTK 服务使用时的显示有所不同。

4—遥控链路信号强度。显示遥控器与飞行器之间遥控信号的强度。

5—电池设置按钮。实时显示当前电池剩余电量，点击可设置低电量报警阈值，并查看电池信息。

6—定高。若雷达定高功能开启，则显示已设置的飞行器与下方物体的相对高度，点击数值可进行调节。

7—作业参数设置。显示喷洒用量，点击数值可进入菜单调节作业参数。不同作业模式下可调节的参数有所不同，主要包括喷洒用量、飞行速度、作业行距、相对作物高度、协调转弯等。

8—雷达工作模式。显示当前雷达工作模式，点击可进行选择，具体如下。

避障雷达，开启雷达模块障碍物检测功能；扫边雷达，雷达模块检测障碍物时探测角度会变窄，适用于扫边等场景，如地块边界有防护物时，开启扫边雷达，则飞行器在距离防护物较近时仍可继续飞行，以确保喷洒可以覆盖到边界附近的作物，而不会立即进入避障模式；关闭雷达，关闭雷达模块障碍物检测功能，但不会关闭定高功能。

9—面积。显示与作业区域相关的面积数值，具体有以下几种情况。

地块面积：为航线作业规划地块后，显示所规划地块的总面积。

规划面积：为航线作业规划地块后，显示所生成航线的实际面积，存在以下公式

$$规划面积=地块面积-障碍物面积-内缩面积$$

障碍物面积：为航线作业规划地块时，显示所添加的障碍物的面积。

内缩面积：为航线作业规划地块时，若设置了内缩距离，则显示内缩区域所占的面积。

已作业面积：显示已喷洒区域的面积。

10—作业列表。当作业模式为手动作业模式（M）时，显示此图标，点击可查看已规划的地块及进行中的作业，并调用作业。

11—作业模式切换按键。点击可在手动作业模式（M）、增强型手动作业模式（M+）及 A-B 点作业模式（AB）之间切换。

12—飞行状态参数。具体如下。

距离：飞行器与返航点水平方向的距离。

流量：喷洒流量。

高度：若雷达定高功能开启，则实时显示飞行器与下方物体的相对高度，否则显示飞行器与起飞点的相对高度。

速度：飞行器的飞行速度。

剩余：作业箱剩余药量。

13—药量提示。若当前作业箱剩余药量充足，则进度条显示为绿色满格。当剩余药量接近用户所设无药告警值时，进度条绿色将逐渐减少，直至达到无药告警值时显示灰色。

14—主界面。单击此按钮，返回主界面。

15—作业控制按钮。显示不同阶段控制作业的按钮，主要包括作业区域测量，调用、开始、暂停或结束作业等。

16—FPV 摄像头界面。显示 FPV 摄像头实时画面，点击可与地图切换全屏显示。

17—障碍物提示。若开启雷达模块避障功能，则显示检测到的障碍物信息。水平全向范围内的障碍物信息以环形排列显示在屏幕上，红色指示近处障碍物，黄色指示远处障碍物，数值表示最近处的障碍物与飞行器的相对距离。

18—自动绕障功能障碍物雷达图。在航线作业或 A-B 点作业过程中，若开启自动绕障功能，当检测到障碍物时，将显示附近障碍物及自动绕障功能所规划的飞行路径。

19—FPV 模式切换。点击可切换 FPV 显示模式，选择夜间模式将增强画面显示，选择白天模式将正常显示。

20—清屏。点击可清除地图上已显示的飞行轨迹。

21—定位。点击可使当前地图显示以当前飞行器位置或最近记录的返航点位置为中心。

22—跟随定位。点击可切换地图显示是否跟随飞行器位置。

23—地图模式。点击可切换地图模式为标准、卫星或夜晚。

24—更多设置。点击打开设置菜单，可设置飞行器各部分及遥控器相关参数。

任务2　农药的配制

任务描述

通过本任务，学生掌握农药配制的基本方法和原则，了解农药剂型的选用方法，农药的配制过程符合安全操作流程。

任务实施

一、准备配制农药的工具

药液小桶、清水桶、大桶、搅拌棒、橡胶手套、防毒口罩。

二、农药混配方法

1）根据产品说明或当地植保机构的推荐，以及病虫草害的严重程度，确定药剂的每亩使用量。

2）根据作物高度、密度以及病虫草害防治的要求，确定每亩药液（混好后）使用量。

假设地块面积为100亩，每亩药液使用量为800mL，药剂A的每亩使用量为50g，药剂B的每亩使用量为60g。则药剂A的使用量＝50g/亩×100亩＝5000g；药剂B的使用量＝60g/亩×100亩＝6000g；需要的药液量＝800mL/亩×100亩＝80000mL；需加入水量＝需要的药液量-（药剂A的使用量+药剂B的使用量）＝80000mL-（5000mL+6000mL）＝69000mL（药剂的使用量克可当作毫升来近似处理）。

> **小提示**
>
> 总用水量与田块形状（是否需要手动补喷）、无人机操控人员操作情况等都有关系，一般需要有余量。

三、配药步骤

采用二次稀释法配药。先用一个小桶，加入少量水，加入药剂A混合均匀后，倒入已经装有一半水的大桶中，搅拌。药剂B采用相同的方法混合。最后向大桶中补足水量，一边加水一边搅拌，使混合均匀。药剂的加入顺序依次为：叶面肥、水分散粒剂、悬浮剂、微乳剂、水乳剂、水剂、乳油。药液必须充分混合均匀，尽量避免使用可湿性粉剂和不易溶解的叶面肥等。

> **小提示**
>
> 配药时应站于上风口，佩戴手套、口罩等防护设备，不要用手直接接触药剂。

农药配制场景如图 5-27 所示。

四、过滤与灌装

在将农药灌装到无人机上时，首先要做好过滤，然后注意灌装总量，如图 5-28 所示。

配制农药的注意事项

图 5-27　农药配制场景

图 5-28　无人机的农药灌装

任务评价

将学生完成任务的情况及评分填入表 5-2 中。

表 5-2　农药的配制评价表

序号	内容	要求	分值	评价			得分
				学生自评	学生互评	教师评价	
1	职业素养	文明礼仪	5				
2		安全纪律	10				
3		行为习惯	5				
4		工作态度	5				
5		团队合作	5				
6	配药质量	配药前期准备	20				
7		掌握二次稀释法	30				
8		掌握农药灌装方法	20				
综合评价							

知识链接

一、农药混配

农药混配是指将两种或两种以上的农药有效成分混合在一起，包括农药复配制剂（生产厂家生产、加工出来）和施药现场混合。

二、无人机植保适用农药剂型

由于植保无人机以喷雾方式进行作业，并且药液稀释度较低，所以应优先选用水基化剂型农药，如悬浮剂、微乳剂、水乳剂、乳油、水剂等。

三、植保无人机农药配制及混用

施用农药要讲科学，否则不但达不到防治效果，还容易发生药害。

1. 农药混配原则

1）保持各种成分的有效性。农药在混配中应保持其各种有效成分的稳定性，不能在混配之后使有效成分发生变化。例如，碱性农药波尔多液、石硫合剂等不能和酸性农药混合后使用，并且作物被喷施波尔多液或石硫合剂之后，一定时间内不能对其喷洒酸性药剂。

2）维持农药混配后物理性状的稳定性。凡是混配后药液物理性状明显恶化的，如出现乳化不良、分层、浮油、絮结、沉淀等现象，都不能混用，以免减效、失效、甚至造成药害。

3）保证农药混配后对农作物不会产生药害。各有效成分对农作物没有药害，其混配之后也不能产生药害，这是农药混配应遵循的原则。如果农药混用后有效成分之间发生化学反应，可能产生对农作物有药害的物质。例如，石硫合剂与波尔多液混用，可产生有害的硫化铜和可溶性铜离子，因此不能将石硫合剂和波尔多液混用。

4）原则上农药混配不要超过三种，并尽量减少可湿性粉剂的使用，以免引起植保无人机喷头堵塞。

5）先加水后加药，进行二次稀释混配时，建议先在配药桶中加入一些水，加入第一种农药后混合均匀，然后将剩下的农药用其他容器分别稀释，稀释好后倒入配药桶中混合均匀，以此类推。

2. 农药配制的注意事项

1）不能用井水配制农药。由于井水中矿物质含量较多，尤其是含钙和镁离子，将农药加到井水中容易发生化学作用，形成沉淀，从而导致农药药效降低，甚至是没有任何药效。

2）不能用易浑浊的活水配制农药，因为活水中杂质较多。特别是用含砂量大的沟渠中的水配药，更容易堵塞植保无人机喷头，还会破坏药液的悬浮性，产生沉淀。

3）不能随意加大和减小农药用量。要严格按照说明书中规定的或农业技术人员建议的用量用药，用药过少没有药效，用药过多可能产生药害和加大农产品中的农药残留，都会增加使用成本。

4）要注意农药时效问题。无论混配什么药剂，都应现配现用，混配后药剂的放置时间不能超过 3h。

5）农药混配顺序要准确，叶面肥与农药等混配的顺序通常为：微肥、水溶肥、可湿性粉剂、水分散粒剂、悬浮剂、微乳剂、水乳剂、水剂、乳油（依次加入，原则上农药混配不要超过三种），每加入一种充分搅拌，混合均匀后再加入下一种。

3. 农药混用原则

（1）不同毒杀机制的农药混用　作用机制不同的农药混用，可以提高防治效果，延缓病虫产生抗药性。

（2）不同毒杀作用的农药混用　杀虫剂有触杀、胃毒、熏蒸、内吸等作用方式，杀菌剂有保护、治疗、内吸等作用方式，如果将这些具有不同防治作用的药剂混用，可以互相补充，会产生很好的防治效果。

（3）作用于不同虫态的杀虫剂混用　作用于不同虫态的杀虫剂混用，可以杀灭田间的各种虫态的害虫，杀虫彻底，从而提高防治效果。

（4）具有不同时效的农药混用　有的农药速效性防治效果好，但持效期短；有的农药速效性防治效果虽差，但作用时间长。这样的农药混用，不但施药后防治效果好，还可起到长期防治的作用。

（5）与增效剂混用　增效剂对病虫虽无直接毒杀作用，但与农药混用却能提高防治效果。

（6）作用于不同病虫害的农药混用　几种病虫害同时发生时，采用该种方法，可以减少喷药的次数，减少工作时间，从而提高功效。

四、稀释农药

在使用农药产品时，对农药浓度的掌握与配制，关系着农药喷洒的实际效果与作用，因此稀释农药就成了使用农药时的关键一环。

1. 药剂浓度的表示法

（1）百分浓度　是指 100 份农药中，有效成分所占的份数，常以百分数（%）表示。

（2）百万分浓度　是指 100 万份农药中，有效成分所占的份数，符号是 ppm，单位为 mg/mL、mg/L 或 g/m^3 等。

（3）倍数法（即稀释倍数）　是指农药稀释时，加入水或其他稀释剂的倍数。稀释 100 倍或 100 倍以下，计算时要扣除原药剂所占的 1 份，如稀释 50 倍，即用原药剂 1 份加稀释剂 49 份。稀释 100 倍以上，计算时不扣除原药剂所占的份数，如稀释 600 倍，即用原药剂 1 份加稀释剂 600 份。

2. 浓度表示法之间的换算

（1）百分浓度与百万分浓度之间的换算　百万分浓度（ppm）= 10000×百分浓度（%）。

（2）倍数法与百分浓度之间的换算　百分浓度（%）=（原药剂浓度/稀释倍数）×100。

3. 稀释农药时的计算方法

（1）按有效成分计算

1）求稀释剂（水或填充料等）用量。

稀释 100 倍以下：

$$稀释剂用量 = 原药剂重量 × (原药剂浓度 - 所配药剂浓度) / 所配药剂浓度$$

稀释 100 倍以上：

$$稀释剂用量 = 原药剂重量 × 原药剂浓度 / 所配药剂浓度$$

2）求用药量。

原药剂用量＝所配药剂重量×所配药剂浓度/原药剂浓度

（2）按倍数法计算（不考虑有效成分含量）

1）稀释100倍以下。

稀释剂用量＝原药剂重量×稀释倍数−原药剂重量

2）稀释100倍以上。

稀释剂用量＝原药剂重量×稀释倍数

3）求用药量。

原药剂用量＝所配药剂重量/稀释倍数

4）求稀释倍数。

① 由浓度比求稀释倍数：

稀释倍数＝原药剂浓度/所配药剂浓度

② 由重量比求稀释倍数：

稀释倍数＝所配药剂重量/原药剂重量

4. 溶液溶度

溶液浓度可分为质量浓度（如质量百分浓度）、体积浓度（如摩尔浓度、当量浓度）和质量−体积浓度三类。

（1）质量百分浓度 溶液的浓度用溶质的质量占全部溶液质量的百分率表示的，称为质量百分浓度（%）。例如，25%的葡萄糖注射液就是指100g注射液中含葡萄糖25g，即

质量百分浓度(%)＝溶质质量/溶液质量×100%

（2）体积浓度

1）摩尔浓度。溶液的浓度用1L溶液中所含溶质的摩尔数来表示的，称为摩尔浓度，用符号mol表示。例如，1L浓硫酸中含18.4摩尔的硫酸，则浓度为18.4mol，即

摩尔浓度(mol)＝溶质摩尔数/溶液体积

2）当量浓度（N）。溶液的浓度用1L溶液中所含溶质的克当量数来表示的，称为当量浓度，用符号N表示。例如，1L浓盐酸中含12.0克当量的盐酸（HCl），则浓度为12.0N，即

当量浓度＝溶质的克当量数/溶液体积

（3）质量-体积浓度 用单位体积（$1m^3$ 或1L）溶液中所含的溶质质量数来表示的浓度称为质量-体积浓度，以符号 g/m^3 或 mg/L 表示。例如，1L含铬废水中含六价铬的质量为2mg，则六价铬的质量-体积浓度为2mg/L，即

质量-体积浓度＝溶质的质量数/溶液的体积

任务3　植保无人机喷施农药作业

任务描述

通过本任务，学生掌握喷施作业前期准备工作，包括人员、药剂、无人机的准备，会制订作业方案，按照标准流程开展喷施作业，并保障作业安全。

任务实施

一、人员准备

无人机操控人员必须是身心健康，无家族遗传病史，无酗酒等不良嗜好，掌握一定的飞防技术，能熟练操控无人机，获得相应植保无人机操作资格证书，并能适应在复杂环境条件下作业的人员。当进行长时间、大面积、远距离飞防作业时，每架植保无人机最好配备无人机操控人员、安全员、无人机操控人员助理各一名。在进行喷施农药作业前，无人机操控人员及相关工作人员要佩戴防护面具，穿防护鞋、防护服。

二、药剂准备

农药用量与水量的比例要准确，不可随意加大或减小农药浓度；选择水溶性良好的农药，避免堵塞喷头；根据飞防面积准备足量药液。

三、无人机准备

植保无人机的展开与检查

作业前及时按照要求将动力锂电池、遥控器电池充满电量，并根据预计作业时间准备足够数量的动力电池；无人机组装好后检查各部位连接，应牢靠，机架无变形损伤，螺旋桨运转应灵活平稳；通电检查飞行控制系统各部件功能；校准指南针、流量计；在药箱中加入清水进行试喷，检查各药液管道、接头的安装是否牢靠，应无滴漏现象，各喷嘴应正常喷洒，无堵塞、无滴漏，喷口朝向应正确。根据作业区域地理情况，设置植保无人机的飞行高度、速度、喷幅宽度、喷雾流量等参数。

四、作业实施

1. 任务确认

首先确认作业农作物类型、作业面积、地形、病虫害情况、防治周期、使用药剂类型以及是否有其他特殊要求。

2. 勘察地形

勘察地形是否适合无人机植保作业，确定农田中的不适宜无人机植保作业区域，与农户沟通，掌握农田病虫草害情况。

3. 查看天气

在进行植保作业时，应提前查询作业地区近几日的天气情况，尤其要注意风向、风力及雨水情况，保证作业安全。

4. 规划航线

作业前熟悉地形，检查飞行路径上有无障碍物，确定起降点及地面站，规划作业基本航线。选择农业植保无人机作业环境的主要要求如下。

1）雨天严禁无人机飞行。

2）风力大于 4 级的天气暂缓作业，风力大于 6 级的天气严禁作业。

3）作业田块周界 10m 范围内应无供人员居住的房舍。

4）作业田块周界 10m 范围内应无防护林、高压线塔、电杆等障碍物。

5）作业田块中间无影响飞行安全的障碍物或影响飞行视线的障碍物。

6）作业田块周界或田块中间有适合植保无人机起降的起降点。

7）作物高度应低于无机人操控人员的视线，无人机操控人员能够观察到无人机飞行姿态。

8）作业田块应有适合无人机操控人员行走的道路。

5. 配制农药

根据植保无人机作业量，配制所需药量。

6. 执行作业

按航线飞行执行植保作业的起飞流程如图 5-29 所示。

a) 将飞行器放置于任一标定点　　b) 在大疆农业App界面上单击"执行作业"按钮　　c) 单击该按钮，在"地块"标签中选择作业项目　　d) 单击"编辑"按钮，可再次编辑航线点及航线

e) 单击"调用"按钮，单击"纠正偏移"按钮，并保存　　f) 单击"执行"按钮　　g) 设置作业参数，然后单击"确定"按钮　　h) 设置自动起飞高度，滑动滑块自动起飞，执行任务

图 5-29　起飞流程

执行作业时，应注意纠正偏移、投影点、中断点操作，具体如下。

（1）纠正偏移

1）纠正偏移的作用如图 5-30 所示。以下应用场景，必须纠正偏移。

a) 纠正偏移前，存在误差　　　　　　　　b) 纠正偏移后，误差大幅减小

图 5-30　纠正偏移的作用

① 地块规划选择"遥控器规划",植保无人机作业时无论是否使用 RTK,都必须纠正偏移。

② 果树场景:第一次调用导入遥控器的果树任务时,必须纠正偏移,后续继续调用相同任务,无须纠正偏移。

2)纠正偏移的方法。

① 规划地块时,必须在空旷处设置一个长期固定的标定点。

② 纠正偏移时,不能随便放置植保无人机,必须先将其准确放置在标定点上,再纠正偏移。

③ 纠正偏移后,不要取消任务,可以从标定点处直接起飞,也可以将植保无人机搬到其他位置再起飞。

(2)投影点 投影点的三个使用场景如下。

1)投影点"1":当在航线中存在障碍物时,如植保无人机自动向前飞行,遇到障碍物会避障悬停。此时应先手动控制植保无人机向侧面平移,然后向前飞行,再手动旋转机头,通过摄像头画面查看是否完全绕开障碍物,单击"投影点"按钮,选择"1",单击"确定"按钮,无人机自动垂直飞向接下来的作业航线,如图 5-31 所示。

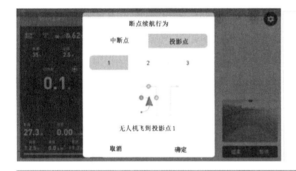
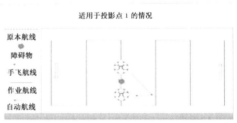

图 5-31　投影点"1"的应用场景

2)投影点"2":当在航线拐点处存在障碍物时,如植保无人机自动向前飞行,遇到障碍物会避障悬停,此时应手动控制植保无人机向侧面平移,通过摄像头画面查看是否完全绕开障碍物,单击"投影点"按钮,选择"2",单击"确定"按钮,植保无人机自动垂直飞向横移的作业航线,如图 5-32 所示。

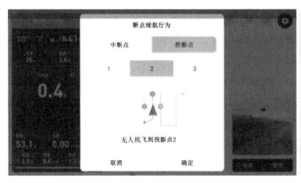
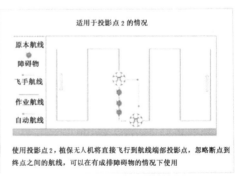

图 5-32　投影点"2"的应用场景

3）投影点"3"：当在横移航线上存在障碍物时，如植保无人机自动向前飞行，遇到障碍物会避障悬停，此时应手动旋转机头，使无人机朝向下一条航线，通过摄像头画面查看是否完全绕开障碍物，单击"投影点"按钮，选择"3"，单击"确定"按钮，植保无人机自动垂直飞向旁边的作业航线，如图 5-33 所示。

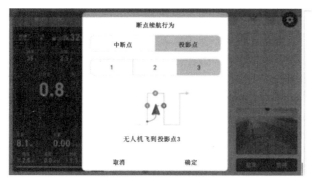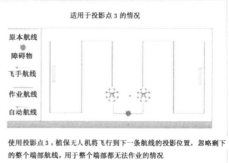

图 5-33　投影点"3"的应用场景

（3）中断点　当作业时，植保无人机提示药量已用完，应将植保无人机从中断点拉回后进行加药操作，加完药即可单击"中断点"按钮继续作业，植保无人机将回到原航线的中断点，如图 5-34 所示。中断点的选取应配合植保无人机无药预估点进行，尽量避免中断点与加药点过远，造成植保无人机电池电量的浪费。

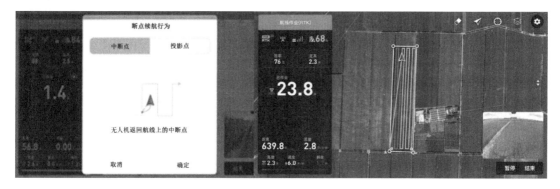

图 5-34　中断点

7. 统一内缩

1）统一内缩为 0m 时，无人机中心距离飞行方向左侧或右侧地块的边缘为 2.5m，如果机身宽度（左右距离）约为 2.5m，则无人机左右两侧桨叶边缘距离地块为 2.5m-1.25m（半个机身）= 1.25m。

2）统一内缩为 0m 时，则无人机中心距离飞行方向前方或后方地块的边缘为 1.1m，如果机身长度（前后距离）约为 2.2m，则无人机前后桨叶边缘距离地块为 1.1m-1.1m（半个机身）= 0m。

8. 检查作业情况

喷洒完一块田地后，检查所喷洒的田地是否有遗漏、是否符合质量要求，发现问题立刻补喷，以免为后续工作带来不必要的麻烦。作业完毕，要记录作业结束点，方便第二天继续沿前一天作业位置进行喷洒。

9. 清洗保养

清洗、保养无人机，对植保无人机系统进行检查，检查各项物资（农药、汽油、电池等）消耗，记录当天作业亩数和飞行架次、当日用药量与总作业亩数是否吻合等，为第二天作业做准备。

五、作业后设备检查

完成当天所有植保作业任务后，检查设备零配件是否齐全，有没有异常、故障，如发现问题要及时报告；将设备装箱或晾晒。

 **任务评价**

将学生完成任务的情况及评分填入表 5-3 中。

表 5-3 植保无人机喷施农药作业评价表

序号	内容	要求	分值	评价			得分
				学生自评	学生互评	教师评价	
1	职业素养	文明礼仪	5				
2		安全纪律	10				
3		行为习惯	5				
4		工作态度	5				
5		团队合作	5				
6	喷洒质量	喷施作业前期准备	20				
7		无人机植保喷施过程	30				
8		作业后质量及设备检查	20				
综合评价							

知识链接

一、农业植保无人机作业安全注意事项

1）喷洒时所有作业人员应选择上风口位置站立，佩戴防护面具，穿防护鞋、防护服。在飞防作业过程中，按照选择的飞行参数和既定的航线进行作业，飞行高度保持在 2～3m（可根据地势和作物高度稍做调整），飞行速度控制在 7～8m/s，飞行距离应在无人机操控人员可视的范围内，以利于随时关注喷嘴雾化、喷幅等喷洒效果，保证喷洒作业质量。

2）远离人群，永远把安全放在第一位。

3）操作前要保证无人机电池和遥控器电池有充足的电量。

4）严禁在下雨、闪电的天气状况下飞行。

5）一定要保证无人机在无人机操控人员的视线范围内飞行（远离高压线）。

6）安装和使用植保无人机的人员要具备专业的知识和技术。

7）避免遥控器的天线指向植保无人机，应让遥控器天线的侧面指向植保无人机，并应避免遥控器和接收机靠近金属物体。

8）由于2.4GHz的无线电波几乎是以直线传播的，故应避免在遥控器和接收机之间出现障碍物。

9）如果发生了植保无人机坠落、碰撞、浸水或其他意外情况，在下次使用前应做好充分的测试。

10）在每次飞行前都要检查遥控器和接收机的电池组，确保电量满足无人机飞行需求。

11）低压报警功能主要是提示何时需要充电，而断电会直接造成植保无人机失控，因此应及时给无人机充电，不要过分依赖遥控器的低压报警功能。

12）将遥控器放在地面上时，应平放而不要竖放，以免竖放时遥控器被风吹倒，造成油门杆意外拉高，引起动力系统的运动，从而造成伤害。

13）不能在大风、下雨天气或烈日下喷洒农药。

有风时喷洒农药会导致药剂飘散，容易飘到非用药作物上，导致药害；下雨前3h及雨天不能喷洒农药，因为雨水的冲刷会导致药效全无；烈日下喷洒农药，容易发生药害。一般最佳的施药时间为无风无雨天气，上午9~11点，下午3~6点。

14）根据温度及其变化趋势确定施药时间。

无论是植物、昆虫还是病菌，在20~30℃范围内，尤其是25℃，是其最合适的活动温度。此时施药，对处于活跃期的病虫草会更有效，对作物也更安全。

① 夏天高温季节，施药应该在上午10点之前和下午4点以后。

② 春秋凉爽季节，应该选择在上午10点以后、下午两点之前施药。

③ 冬、春季的大棚，最好选择在晴暖天气的上午施药。

15）根据湿度及其变化趋势确定施药时间。从喷头喷出来的药液沉积在靶标上之后，需要展开，形成均匀的药膜，才能最大幅度地覆盖在靶标表面上，进而"掩杀"靶标上的病虫害。药液从沉积到展开会受到多种因素的影响，其中空气湿度的影响较大。

① 空气湿度小，药液中的水分会快速蒸发到空气中，甚至等不到药液铺展在靶标上，这当然会降低药效，甚至出现灼烧性药害斑。

② 空气湿度过大，沉积在植株表面上的药液，尤其是大雾滴，很容易凝聚成更大的液滴，并因受重力影响，在植株下部沉积，也会产生药害。

因此，一天中的施药时间需要遵循两个原则：一个是空气湿度略小，另一个是施药后药液在日落前能够在靶标表面形成干润的药膜。

16）不能使用过期的农药。过期农药药效降低，会造成经济损失。

17）不能长期使用同一种农药，应交替使用不同作用机理的农药，避免产生抗药性。

18）尽量不要在农作物开花期喷施农药。在作物开花、坐果时喷施农药，容易产生药害，降低果实商品性。因此喷施农药需避开作物开花和幼果期，尽量做到花前防治。如果花期爆发病虫害，应使用特效药进行控制。

19）不能在作物采收前喷施农药。剧毒农药残留期为60天左右，现已基本限制该类农药的使用；低毒农药的残留期为15天左右，任何作物在采收前都应禁止使用农药。

二、施药常见的三大误区

1）仅按稀释倍数确定每桶水中的药剂数量。之所以要控制和计算药箱中添加的药剂量，是因为要计算好单位面积的植株需要多大剂量的药剂，以保证良好的药效及植物和环境的安全。因此按稀释倍数确定每桶水中添加的药剂量之后，还要计算每亩地需要几桶水、喷洒行进速度等。

2）喷头距离靶标越近药效越好。药液从喷头喷出以后，一边和空气对撞而破裂成更小的液滴一边前冲，一路跌跌撞撞的结果是雾滴越来越小。也就是说在一定的距离范围内，离喷头越远，雾滴越小，而小雾滴更容易沉积和铺展在靶标上。因此，并不是喷头紧贴着植株药效就会更好。一般来说，植保无人机的喷头要和靶标保持 1~2m 的距离，这样药效会更好。

3）雾滴越细小就一定会有更好的药效。雾滴并非越小越好，雾滴大小和其能否更好地分布、沉积和铺展在靶标上有关。如果雾滴过于细小，就会飘浮在空气中而难以沉积在靶标上，这肯定会造成浪费；如果雾滴太大，滚落到地面上的药液增加，影响药效，同时也是浪费。

三、影响植保无人机作业的环境因素

影响植保无人机作业的环境因素有很多，其中以下几点应该引起高度重视。

（1）天气因素　植保无人机作业过程中的天气因素是必须考虑的影响要素，因为天气会影响植保无人机的飞行效率及作业效果。不要冒雨作业；飞防作业后 1h 内遇到中雨，建议进行补飞；35℃以上高温天气不要作业；风力大于 3 级不要作业；有露水时不要作业。

（2）地理因素　地理因素也是植保无人机作业过程中需要考虑的，植保无人机作业过程中要满足以下几个地理因素。

1）田块周界 10m 范围内没有房舍及其他建筑物。

2）田块周界 10m 范围内无防护林、高压线塔、电杆等障碍物。

3）田块中间无影响飞行安全的障碍物或影响飞行视线的障碍物。

4）田块周界或田块中间必须要有适合植保无人机起降的起降点。

5）飞行高度应在无人机操控人员的视线范围内，无人机操控人员能够观察到无人机的飞行姿态。

6）田块内应有适合无人机操控人员行走的道路。

（3）种植地块因素　在水稻主产区，大多数植保无人机的作业地块大小在 2~5 亩范围内，而且并不是每块地都连在一起，这些都会大大降低植保无人机的作业效率。

（4）田间障碍因素　我国农村田地周围大多有树木、电线杆等障碍物，这些障碍物会增大植保无人机飞行的危险系数，高压电线产生的磁场对植保无人机的电子磁罗盘影响较大，会干扰植保无人机的稳定性。

（5）人为因素　由于植保飞防是一件新生事物，每次到一个新地方使用植保无人机作业总会引起农户围观，这是特别危险的，会对无人机操控人员产生很大的影响和压力，因此无人机作业时，田地周围 20m 内禁止无关人员进入。

四、植保无人机炸机的原因分析及避免方法

植保无人机不同于地面行走的植保机，它是在作物叶尖上作业，操作难度较大，稍有操作不当，就会造成机器损坏（图 5-35），甚至造成人员伤害。因此，正确、规范地操作才能延长无人机的使用寿命，减少作业中的安全隐患。

图 5-35　炸毁的植保无人机

无人机操控人员在每次起动植保无人机前，必须对植保无人机各部位进行例行检查，包括电量是否充足；每次飞行应先测试对讲机，测试其信号的强度和语音的清晰程度，测试完毕方可起动无人机。

无人机操控人员还要确保自己精神饱满，避免因睡眠不足或在酒后和生病状态下操作而引起不必要的麻烦。

飞行前要熟悉周围环境，起飞时远离人群，禁止在田间有人时进行作业，垂直飞行要远离障碍物 10m 以上，平行飞行要远离障碍物 5m 以上，还需注意机头不要正对自己或他人。

作业时要保证无人机在视线内飞行，随时注意观察喷头状态，有堵塞及时更换。

由专业人员做好植保无人机转接、更换电池和配药等工作。作业完成后，做好植保无人机机身各部位的调整及清洁，做好对讲机、遥控器、充电器、电源等相关附件的整理与归类，及时清洗药箱，及时进行药瓶、药箱、残留物的回收处理。

下面整理了几种无人机植保作业常见意外事故的原因及规避方法。

（1）飞行前未做好准备工作　无人机操控人员在每次使用无人机前必须对无人机各部位进行例行检查，检查完毕后方可起动无人机。每次飞行完毕后，要对机身、旋翼、起落架、喷洒系统等进行清理，同时检查无人机各主要部件的螺钉是否牢固，活动部件晃动量是否过大，推杆是否牢固，机身是否有明显裂级等。在植保无人机起飞前做好充足的准备工作，可以避免多种意外情况的发生。

（2）飞行过低，碰到作物　在作业中受围观农户的影响，有时无人机操控人员会将无人机飞得非常低，导致无人机碰到长得高的农作物而炸机。因此，无人机操控人员在作业时不要受周围人的干扰，要集中注意力，多跟观察员沟通，尽量保持无人机离作物 1m 以上。

（3）磁场干扰失控　在作业路线上，如果无人机距离高压线很近，电压又比较高，无人机很可能因为受干扰而大幅度飘移或因受到电磁干扰而失去控制，如图 5-36 所示。因此，植保无人机不要在高压塔，特别是电压达到几千伏以上的高压塔附近作业。对于信号塔和电子围栏，一般也要远离为好。

图 5-36　植保无人机受高压线磁场干扰

（4）无人机操控人员与观察员的对讲机没电或故障　在无人机植保作业中，这点也是容易被忽视的引起炸机的原因。无人机操控人员在操控无人机向前飞行时，由于目视有误差，而观察员和无人机操控人员之间的沟通又比较少，如果此时对讲机没电或失灵了，无人机操控人员或观察员还不知道，无人机操控人员就很有可能撞到树上或其他障碍物上。所以在作业时，无人机操控人员和观察员要约定好，比如观察员每5s给无人机操控人员一个信息，如果超过时间没收到信息，无人机操控人员应马上操控无人机原地悬停。这样即使无人机操控人员在操控无人机时看不到无人机，也可放心操控无人机，而且当对讲机出现问题也能马上发现。

（5）电量耗尽　市场上电动植保无人机的续航时长通常为20~40min，植保无人机在载药量比较多的时候耗电比较快。在施药时，有时电池低电量报警已经出现了，但药箱内还有一些药液，有的无人机操控人员贪图方便，就想把药液施完再降落。往往这时无人机的剩余电量支撑不了继续作业和返航，在途中就会强制降落或者在空中耗尽电量直接坠落。因此，无人机操控人员在作业前一定要规划好，做好准备，宁可少飞几亩地也不要挑战无人机的飞行极限。

（6）姿态模式下炸机　无人机在姿态模式下是没有GPS定位的，会因受环境影响而出现飘移。但是，有些无人机操控人员在不完全熟悉无人机操控方法的情况下，开启了姿态模式，当出现飘移后不知道该如何操作，导致出现炸机事故。因此，务必要熟悉作业的植保无人机在姿态模式下的飞行特性，勤加练习，以备不时之需。

（7）打杆失误　这一方面是指简单的打杆失误，比如不小心使机头转了方向，导致迷失航向，撞上墙、树、电线杆等障碍物；另一方面是指作业时，当无人机飞远后，无人机操控人员看不到无人机，实际无人机是在安全飞行的，而无人机操控人员因慌乱而打杆，就可能会撞到东西。这个失误也需要无人机操控人员在操控过程中多跟观察员沟通来避免。

（8）斜拉索引起事故　斜拉索是无人机植保人员最头疼的问题，不仅大大降低了作业效率，还可能造成摔机。农田里的斜拉索如图5-37所示。对于斜拉索，需要注意的是，如果作业区域电线杆以及斜拉索过多，摔机风险较高，须评估是否作业。作业前一定要详细查看作业区域，提前对障碍物做好测绘，科学规划航线，避开障碍物。

图5-37　农田里的斜拉索

（9）输电线路引起事故　输电线路本身具有强电磁辐射，其中一些高压线还是城市的电力输送干线。农田附近的输电线路如图5-38所示。切不可使植保无人机靠近输电线路，否则因撞击造成民用输电线或者高压线路停电，将会造成重大损失。作业时应时刻使植保无人机与高压线保持10m以上的安全距离，切不可使植保无人机跨越、飞越高压线。另外要注意的是，如果是在乡村普通线路下作业，植保无人机药液喷洒完毕后应将其设置为"悬停"，而不能设置为"升高并悬停"，以避免植保无人机与电线相撞。

（10）树木引起事故　树木是作业时常见的障碍物，大部分会出现在农田边界上，如图 5-39 所示，此时作业如操作不当，就有导致摔机的风险。因此在航线规划打点时，需保证与树木有足够的内缩距离，以使航线避开树木；植保无人机前、后航线终点需与树木保持 3m 以上的安全距离。

图 5-38　农田附近的输电线路

图 5-39　农田边界的树木

其他常见的导致植保无人机炸机的原因见表 5-4。

表 5-4　常见植保无人机炸机原因汇总

炸机原因分类	炸 机 原 因
障碍物	电力磁场干扰；飞鸟；地磁干扰；作业地有不可视障碍物；塑料等进入无人机螺旋桨；其他飞行器干扰等
无人机操控人员	操控水平较低，在手动模式下起飞；超出遥控距离；遥控器电量低或关机；地磁没校好；飞控进水；反手飞行；地勤失误；野蛮飞行；无人机操控人员酒驾；视觉误差；无人机操控人员因专注飞行而掉到水沟里；无人机操控人员眼睛进异物；无人机操控人员心情欠佳；螺钉松脱；疲劳驾驶；无人机操控人员判断失误；不明物体导致分神；飞速过快；地勤指挥失误；无人机操控人员受到惊吓；无人机操控人员带病作业等
设备	射桨；接收机没信号；遥控传输延迟；指南针错误；电调烧；数据链路丢失；电调溢流；GNSS 干扰；对讲机频率对遥控器造成干扰；电动机跟电调连接处虚焊；动力缺失；电池或喷管等结构件脱落；IMU 错误；飞控死机；遥控天线断开；机臂连接件松动；气压计失灵；信号失灵；药箱掉了；输电线路老化；GNSS 丢星；喷头堵塞导致输药管爆炸；失去平衡；电动机座突然故障；无人机安全隐患未排除；制动失灵等
天气	刮风；天气突变；突然遭遇暴风雨；遇强风袭击；天气太热导致无人机操控人员中暑等
其他	被人打下；选错地块；航线规划错误；植保无人机飞行区域离军用机场过近受到驱赶；螺旋桨装反；电源虚接等

五、植保作业中突发情况的处理

1. 农业植保无人机出现 GPS 长时间无法定位的情况处理

出现此情况首先要冷静下来等待，因为 GPS 冷起动需要时间。如果等待几分钟后情况依旧没有好转，可能是因为 GPS 天线被屏蔽。当 GPS 被附近的电磁场干扰时，需要把屏蔽物移除，远离干扰源，将其放置到空旷的地域，观察是否好转。造成这种情况的原因也可能是 GPS 长时间不通电，当地与上次 GPS 定位的点距离太长，或者是在无人机定位前打开了微波电源开关。此时可尝试关闭微波电源开关，关闭系统电源，间隔 5s 以上重新起动系统电源，等待定位。如果还不定位，可能是 GPS 自身性能出现问题，需要由专业的农业植保无人机维修人员处理。

2. 无人机在自动飞行时偏离航线太远情况的处理

首先，检查无人机是否调平，调整无人机到无人干预时能直飞和保持高度飞行；其次，检查风向及风力，因为大风也会造成此类故障，应选择在风小的时候起飞无人机；再次，检查平衡仪是否放置在合适的位置，把无人机切换到手动飞行状态，把平衡仪打到合适的位置。

3. 农业植保无人机控制电源打开后地面站收不到来自无人机的数据的情况处理

检查是否连线接头松动了或者没有连接，是否单击了地面站的链接按钮、串口是否设置正确、串口波特率是否设置正确、地面站与无人机的数传频道是否设置一致、无人机上的 GPS 数据是否送入飞控。只要其中一个环节出问题，就无法通信。检查无误后，重新连接。如果检查无误后还是连接不上，则重新启动地面站计算机和无人机系统电源，一般都可以连上通信。

任务 4   植保无人机作业后的养护

任务描述

本任务指导学生对植保无人机进行作业后的养护，确保无人机在作业后各项部件保持正常状态，防止设备损坏。

任务实施

一、植保无人机作业后的例行维护

每天作业结束后，排净药箱内的残留药液并不得污染环境，对整机及遥控器进行清洗，具体如下。

1）使用清水或肥皂水注满作业箱，进行喷洒清洗，反复清洗三次。

2）将作业箱及植保无人机上的作业箱接口拆下进行清洁，将作业箱滤网、喷嘴滤网及喷嘴拆出后进行清洁，确保无堵塞，清洁后在清水中浸泡一晚。

3）先使用喷雾水枪冲洗机身，然后用软刷或湿布清洁机身，再用干布抹干水渍。

4）若电动机、桨叶表面有沙尘、药液附着，应用湿布清洁表面，再用干布抹干水渍。

5）使用干净的湿布（拧干水分）擦拭遥控器表面及显示屏。

二、无人机植保作业设备的养护

1. 遥控器的养护

1）遥控器需定时擦拭，以保持清洁。

2）避免水、药液进入遥控器。

3）运输时应将天线折叠，避免天线折断。

4）在水田作业时，操控人员如突然摔倒，尽量将遥控器托起，避免遥控器进水报废。

2. 电动机的维护与保养

由于植保无人机电动机工作环境恶劣，水雾、药液、农药附着是其损坏的首要因素，所以应做到以下几点。

1）每天作业完毕后用湿抹布清洁电动机外表，去除农药附着。

2）避免电动机内部进水导致损坏。

3）定时检查电动机动平衡是否良好。

3. 电调的维护与保养

电调在机身内部，平常看不见也摸不着，作为使用者主要需注意的是尽量避免电调进水，更不能用高压水枪直接冲洗电调。

4. 螺旋桨的维护与保养

1）螺旋桨发生断裂或破损时，必须更换，因此应及时对螺旋桨进行检查。

2）安装螺旋桨时，不能有水平与垂直方向上的松动，因为松动会造成飞行不稳定。

3）作业完毕后必须清理螺旋桨上的农药残留，否则可能腐蚀螺旋桨，造成螺旋桨寿命缩短。

5. 锂电池的维护与保养

1）充电应定时慢充，以利于电池电压平衡。不应长期使用快充功能，否则会缩短锂电池的使用寿命。

2）不应在高温下充电，因为高温充电会造成电池寿命缩短。

3）长期不使用时，电压应保持在保存电压，并每隔1~2个月进行一次完整的充放电。

6. 插头连接件的维护与保养

1）用插头连接时必须快速、准确，应采用防打火插头，以减少打火现象的出现。

2）用插头连接时，必须完整插入，否则会使插头发热，影响飞行安全。

3）如无人机一端的插头经过长久使用已经发黑，必须予以更换，因为插头氧化严重会加速电池端插头的氧化。

7. 药箱的维护与保养

1）每天作业完毕后应往药箱内灌入清水，并开启水泵，冲洗整个喷雾系统。

2）不同使用类型的药剂，一定要注意避免药箱混用。如用喷施过除草剂的药箱来喷施杀虫剂，会对作物造成药害。

常见植保无人机的使用及养护注意事项见表5-5。

表 5-5 植保无人机使用及养护注意事项

类型	项目	日常维护	长期存放	注意事项
动力系统	电池	定期用棉签蘸无水乙醇清洁插头	保持电量2格到2格半存放,每2~3个月充放电一次	避免在阳光下暴晒;禁止放入水中;禁止放在处于暴晒下的汽车内
	螺旋桨	每日擦拭一次,清除农药残留	去除农药固体残留;检查有无裂纹,如有应及时更换	对有裂纹或破损的螺旋桨要及时更换;桨叶松动应换垫片或锁紧螺钉
	电动机	去除表面农药残留	去除表面污垢,污垢较多建议拆开清洁	经过剧烈碰撞的电动机需要检查动平衡是否正常;电动机旋转不顺畅需要检查异物
	充电器	避免暴晒	避免放置在潮湿的环境中	及时清除散热口的灰尘
喷洒系统	药箱	每日加入清水,开启水泵冲洗2~3次	用水枪彻底清除农药残留	给敏感作物作业或施用敏感药剂前也要彻底清洗药箱
	滤网		用软毛刷清除污垢	保持滤网畅通
	喷嘴			不可用金属物体清理
	流量计	流量不准或更换喷嘴及水泵后,需要校准流量		先校准流量计再校准水泵
遥控器	遥控器	清除农药残留	避免放置在潮湿的环境中	平时应折叠屏幕与天线
	遥控器电池	避免暴晒	取下电池、保持半电存放	避免长期满电存放
机身	螺钉	避免生锈或断裂	对于滑扣及生锈的螺钉,应及时进行更换	对于原本打螺钉胶的部位,更换螺钉后仍需要打螺钉胶
	机身	保持日常清洁	彻底清除农药残留	存放在干燥环境中
飞控系统	磁罗盘	3个月以上闲置、长距离移动、有电磁干扰或出现磁罗盘异常时,才需要校准		在校准界面下操作
	惯性导航单元	异常情况下需要校准		

任务评价

将学生完成任务的情况及评分填入表5-6中。

表 5-6 植保无人机作业后的养护评价表

序号	内容	要求	分值	评价			得分
				学生自评	学生互评	教师评价	
1	职业素养	文明礼仪	5				
2		安全纪律	10				
3		行为习惯	5				
4		工作态度	5				
5		团队合作	5				
6	养护质量	作业后机身的养护	35				
7		作业后设备的养护	35				
综合评价							

一、植保无人机养护常识

植保无人机在环境复杂的田间地头作业，灰尘、药液、露水等外在因素对其性能都有影响，应及时清洗、维护、保养设备，并检查校准、更换易损件，保证设备工作时处于最佳状态，延长其使用寿命。

1）植保无人机作业后，需要及时用抹布擦拭机身上的药液，避免其长期积累，对使用者的身体造成伤害。

2）由于农药有一定的腐蚀性，作业结束后应及时用清水冲洗与药液直接接触的喷洒系统（包括药箱、管路、隔膜泵、喷头、喷嘴、流量计等），直到有清水流出；要在清水中用毛刷刷洗喷嘴，如果喷洒的是有吸附性的除草剂、生长调节剂，应用含有洗衣粉的温水浸泡和反复清洗喷嘴，并定期检查、更换喷嘴和流量计。

3）植保无人机动力系统保养，主要包括智能电池、插头、电动机等组件的保养。智能电池在充电、存放过程中使用方法不对，会对其寿命产生影响。一般智能电池的充电电流倍率为 1C~2C，无紧急情况时建议用小电流充电。智能电池亏电储存对其寿命也有显著影响，故长时间储存时，电池电量应保持在 50%~60%，且每 3 个月充放电一次。

智能电池配有专门的智能平衡充电器，其充电功率高（额定功率在 1000W 左右），充电电流较大，选用插座时要考虑承载能力，一般农村家用电线能够承载 4 个充电器同时使用。

插头的保养一般容易被忽视，常常出现公插头发黑、打火等情况。植保无人机用插头具有防打火能力，出现上述情况说明插头的表层绝缘涂料磨损，因此在作业过程中要及时用毛刷清理插头上的灰尘。另外，还应定期使用无水乙醇保养插头接触部位，确保其不会氧化发黑。

电动机应及时清洁，防止进入异物。

二、植保无人机养护要点

1）清洗外观。无人机植保作业环境复杂，设备外表会黏附大量的药液和灰尘，应及时清洗，以避免腐蚀组件，影响正常作业。

2）结构检查。植保无人机作业过程中机体振动较为强烈，应及时检查螺栓、卡扣、铆钉等连接部位，如有磨损、损坏、松动、滑扣、生锈等情况，要及时更换或者涂油。

3）易损件更换。农药有不同程度的腐蚀性，与农药接触的部分（管道、转接头、喷嘴、流量计、液位计等），要及时检查和更换。

4）养护与存放。植保无人机及附属产品有电子元件，需要放在干燥通风的地方，智能电池应以 50%~60% 电量储存，每 3 个月要充放电一次，以激活电池。

三、植保无人机使用注意事项

1）为防止药物伤害人畜和污染环境，无人机植保作业时要远离水面、人群和动物，不允许在田间有人时作业。

2）飞行时一定要保持无人机在无人机操控人员视线范围内并与无人机操控人员保持10m以上距离，机头不要正对操控人员或他人，且与障碍物保持10m以上距离。当环境风力为3级及以上（风速大于4m/s）、能见度小于1km或雨雪天气时，不得进行无人机植保作业。

3）飞行时要远离高压线和电线杆，并严禁酒后操作无人机，不得使无人机在人员头顶上方飞行。

4）作业过程中随时注意观察喷头的喷雾状态，及时更换和维护喷洒不良的喷头。

5）两人以上交换操作时，应互相交流，沟通无人机的控制模式和状态。

6）将遥控器放在地面上时应平放，防止竖放时遥控器被风吹倒，造成误操作。

7）飞行中注意观察电池电量，保证有足够的电量返回起飞点，防止发生坠机（炸机）事故。如出现电池电量报警，应立即降落。

8）每班作业完成后，必须对机具内、外部进行清洗，残留的药液要稀释后就地喷完，不得将残留药液带回。

9）在每班作业完成后，作业人员应及时洗手、洗脸、洗澡并更换衣服。

10）植保无人机使用后应在远离人畜及生活区的专用存放区隔离存放。

四、植保无人机常见故障分析

1. 舵机总是发出"吱吱吱"的来回定位调整的响声

有的舵机无滞环调节功能，控制死区范围调得小，只要输入信号和反馈信号总是波动，或者舵机齿轮组机械精度差，轮齿之间的虚位大，带动反馈电位器的旋转范围超出控制死区范围，那舵机必将调整不停，导致舵机出现"吱吱吱"的声音。

2. 植保无人机电调故障

（1）电调故障的常见原因

1）炸机引起的线路损坏。

2）由于进水引起的电调损坏。

3）高温作业环境影响电调的使用寿命，甚至损坏电调。

（2）电调故障的避免措施

1）炸机大多数情况是因无人机操控人员原因引起的，因此无人机操控人员平时必须模拟实际作业场景进行训练，特别是要模拟复杂作业环境进行强化训练。

2）清洗植保无人机时，不要将水溅到电调上。

3）雨天不要进行飞行作业。

4）高温条件下不要进行飞行作业。

5）避免植保无人机在电调故障时"带病"作业。

（3）电调故障的解决方法

1）作业前，认真检查电调，若发现问题，必须及时维修或更换电调。

2）用万用表检查飞控到电调的信号连接线，若发现断路，必须及时更换线材。

3）检查焊点处信号线的焊接情况，若发现短路，必须重新焊接。

4）在排除线路断路后还是报警，必须更换电调。

3. 植保无人机喷洒系统故障

植保无人机就是一个"会飞的喷雾器"，其喷洒系统对防治效果影响很大。为了避免植保无人机喷洒系统出现问题，保证作业效果，必须保证喷洒系统能够正常工作，一般应采取以下有效措施。

1）保证植保无人机在每一个工作部件都正常时作业。

2）不要在恶劣的天气条件下作业。

3）不要超负荷、超工作量作业。

4）每天作业完毕后，必须清洗药箱、滤网、药管、流量计、喷头灯，防止药液干涸后凝固，堵塞喷洒系统。

5）配制药液时宜采用二次稀释法。

6）配制药液时不要使用浑浊水，必须使用清洁水。

7）配好药后，必须使用滤网过滤药液，尽量减少药液中的杂质，避免使用粉剂等浓稠度大或是易产生沉淀的药剂。

8）作业完成后，及时将流量计内的药液或水放干，防止药液腐蚀流量计，延长其使用寿命。

4. 植保无人机出现疑难故障的处理

植保无人机出现疑难故障，可在售后故障处理界面进行处理，如图 5-40 所示。

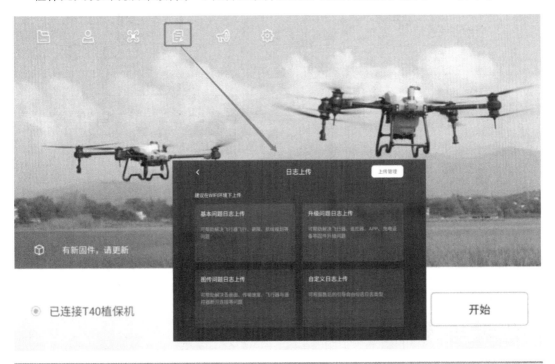

图 5-40　售后故障处理界面

可在该界面中，找到与当前无人机故障相同的内容，按照提示排查故障。若此界面无法解决，可上传日志，将故障日志二维码拍照，提供给售后处理。

📖 项目总结思维导图

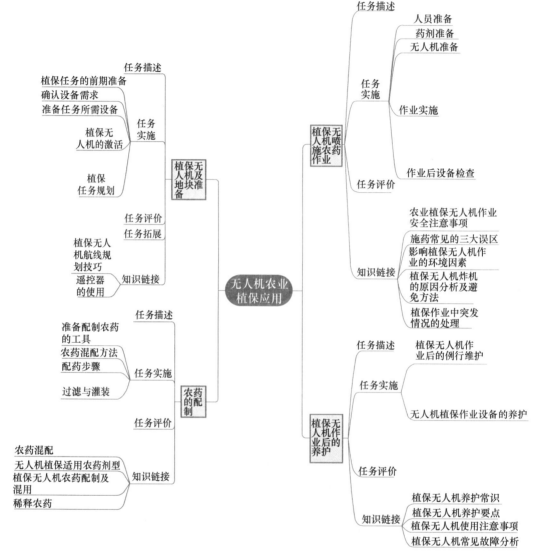

思维导图内容：

无人机农业植保应用

- 植保无人机及地块准备
  - 任务描述
  - 任务实施
    - 植保任务的前期准备
    - 确认设备需求
    - 准备任务所需设备
    - 植保无人机的激活
    - 植保任务规划
  - 任务评价
  - 任务拓展
  - 知识链接
    - 植保无人机航线规划技巧
    - 遥控器的使用
- 农药的配制
  - 任务描述
  - 任务实施
    - 准备配制农药的工具
    - 农药混配方法
    - 配药步骤
    - 过滤与灌装
  - 任务评价
  - 知识链接
    - 农药混配
    - 无人机植保适用农药剂型
    - 植保无人机农药配制及混用
    - 稀释农药
- 植保无人机喷施农药作业
  - 任务描述
  - 任务实施
    - 人员准备
    - 药剂准备
    - 无人机准备
    - 作业实施
    - 作业后设备检查
  - 任务评价
  - 知识链接
    - 农业植保无人机作业安全注意事项
    - 施药常见的三大误区
    - 影响植保无人机作业的环境因素
    - 植保无人机炸机的原因分析及避免方法
    - 植保作业中突发情况的处理
- 植保无人机作业后的养护
  - 任务描述
  - 任务实施
    - 植保无人机作业后的例行维护
    - 无人机植保作业设备的养护
  - 任务评价
  - 知识链接
    - 植保无人机养护常识
    - 植保无人机养护要点
    - 植保无人机使用注意事项
    - 植保无人机常见故障分析

思考与练习

一、选择题

1. 植保无人机作业时，螺旋桨旋转产生的下压气流对农药喷洒的影响是（   ）。

A. 有利于农药附着在作物叶片正反面

B. 不利于农药喷洒

C. 没有影响

D. 使农药向上飘

2. 在无人机植保作业时，假定每亩药液使用量设置为 350mL，那么在飞行速度为 5m/s 和 7m/s 的情况下，下列（　　）关于每亩药液使用量的表述是正确的。

A. 7m/s 时的每亩药液使用量大于 5m/s 时的每亩药液使用量

B. 5m/s 时和 7m/s 时的每亩药液使用量都大于 350mL

C. 5m/s 时和 7m/s 时的每亩药液使用量都等于 350mL

D. 5m/s 时的每亩药液使用量大于 7m/s 时的每亩药液使用量

3. 能为无人机提供 RTK 信号的是（　　）。

A. RTK 手持测绘器　　　　　　B. RTK 基站

C. RTK 移动基站　　　　　　　D. 云基站和移动基站

4. 以下障碍物采集正确的是（　　）。

   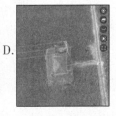

A.　　　　　　　B.　　　　　　　C.　　　　　　　D.

5. 喷洒的药物雾化效果越好，作物的吸收效果就越好。P 系列无人机的离心雾化喷头能把药粒雾化到（　　）。

A. 150μm 以下　　　　　　　　B. 100μm 以下

C. 50μm 以下　　　　　　　　　D. 200μm 以下

6. 面对起伏地块，部分植保无人机可开启（　　）功能。

A. 仿地飞行　　　　　　　　　　B. 气压定高飞行

C. RTK 定高飞行　　　　　　　　D. 操控定高飞行

7. P 系列植保无人机的地形模块由对地视觉和（　　）组成。

A. 红外照明部分　　　　　　　　B. 毫米雷达波

C. 前视视觉　　　　　　　　　　D. 视觉摄像机部分

8. 出于人员安全考虑，作业地块应处于（　　）状态。

A. 作业时，刚作业过的航线区域可以有人

B. 当作业高度比人高 1m 时，作业区域可以有人

C. 作业区域不能有人

D. 无人机起飞时，刚作业过的航线区域可以有人

9. 飞防管理系统是以（　　）为中心，并围绕该中心建立的农业植保服务平台。

A. 植保团队　　　　　　　　　　B. 植保设备

C. 植保需求　　　　　　　　　　D. 工作流程

10. 农药瓶标签底部的特征标志带上，黑色一般代表（　　）。

A. 植物生长调节剂　　　　　　　B. 杀菌剂、杀线虫剂

C. 杀虫、杀螨剂　　　　　　　　D. 除草剂

二、判断题

1. 在给玉米（植株高度为 2m 以上）进行无人机植保作业时，建议仿地飞行。（　　）

2. 当多个智能电池一起充电时，需要考虑电网的负载能力，使用家庭电网可能跳闸。

（　　）

3. 植保服务总是从创建植保需求开始，依次完成地块测绘任务和作业任务，地块面积很小时不需要进行地块测绘。（　　）

4. 运营管理系统内每个人员只能绑定一架 P20 设备。（　　）

5. 队长可根据实际情况同意或不同意他人申请加入植保团队。（　　）

6. 光的强度可影响害虫的活动和发育。（　　）

7. P20 能在夜间作业，所以就算在大雾天气看不到飞行姿态也不影响 P20 正常作业。

（　　）

8. 进行果树螺旋喷洒式测绘时，为确保精准，最好每棵树记录 3 个以上的点，使形成的圆形区域尽量与果树重合。（　　）

9. 由于绝大多数农药易挥发，所以操作员在配药时，应处在下风口，避免吸入过多农药。（　　）

10. 定点作业进行航线作业时，作业高度应根据植株规划中所选植株中最矮的一棵来设置。（　　）

三、简答题

1. 简述每次植保作业前进行的提前规划及分工安排。

2. 简述无人机植保作业所需设备。

3. 简述边距内缩原则。

4. 简述配药步骤。

5. 简述配药时的安全注意事项。

项目6
无人机影像航拍应用

项目描述

　　航拍是指从空中拍摄一些地面的景观。航拍的摄像机可以由摄影师控制，也可以自动拍摄或远程控制。航拍所用的平台有很多，如直升机、无人机、热气球等。由于航拍图能够清晰地表现地理形态，所以航拍除了作为摄影艺术的一环，也常被运用于军事、交通建设、水利工程、生态研究、城市规划等方面。本项目是拍摄校园的人文与景色，通过搭载摄像头的无人机来实现，由无人机操控人员操控无人机按规划好的航线飞行，由云台操作人员操控云台实现相机的运动及拍摄，然后进行后期处理。

学习目标

1. 素养目标

（1）遵纪守法，爱岗敬业。

（2）养成敢于奋斗、敢于奉献、敢于创造的精神。

（3）培养创新思维。

（4）具备一定的沟通表达能力。

（5）具备良好的心理素质。

2. 知识目标

（1）熟练掌握航拍前期规划知识。

（2）掌握摄影、摄像基础知识。

（3）熟练掌握航拍常用的构图方法。

（4）熟练掌握航空摄像的运镜方式。

（5）掌握图片、视频素材的基本处理方法。

（6）掌握视频剪辑要素及基本流程。

3. 能力目标

（1）能够在不同的拍摄条件下设置合适的光圈、快门、感光度，能够正确曝光。

（2）能够根据不同的拍摄条件选择合适的构图方案。

（3）能够根据不同的拍摄条件及需求选择合适的运镜方式。

（4）能够合理划分云台操作人员和无人机操控人员的职责。

（5）能够处理航拍中的常见问题。

（6）能够利用后期处理软件对图像及视频进行简单的处理。

任务1　无人机航拍摄影

任务描述

　　本任务是用无人机航拍学校教学楼，包括前期准备、路径规划以及实地拍摄，最后需提交目标主体特写、中景、全景三张照片。

任务实施

一、了解航拍区域

在无人机飞行前查看飞行环境是很重要的一项工作。

1）查看拟飞行区域是否是禁飞区域。可以通过一些软件如"优凯飞行"App，来查阅相应区域是否允许飞行。如图6-1所示，红色区域是机场附近的禁飞区，灰色区域是限飞区，其他区域（白色）可以飞行。除此之外，还要查看拍摄地是否有禁飞通知，保证合法飞行。

2）查阅拍摄地相关图文资料或实地观察拍摄地的地理特征及周边环境，注意尽量不在人员密集处飞行，还要注意飞行区域内是否有高压线，或者有楼群，这些可能会引起信号干扰。

如果要在限飞区内飞行，需提前申请解禁无人机。

二、规划航拍路线

为了提高拍摄效率、提升拍摄质量，在查阅了拍摄区域的相关信息后，需提前规划航线，构思镜头角度，确定好拍摄时间。

规划航线时，首先选择起飞点，然后考虑怎样去拍摄被摄主体。

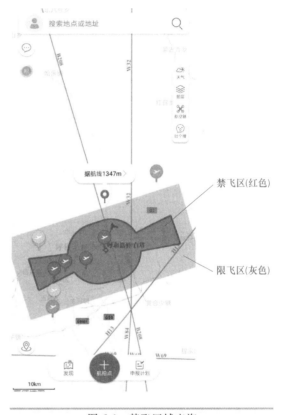

图6-1　禁飞区域查询

本任务准备拍摄三组镜头，分别为钟楼特写、钟楼中景、教学楼全景，规划的航线为从小广场起飞提升高度到钟楼侧面拍特写，然后向后拉镜头，环绕钟楼拍摄中景，最后镜头一直往后拉，直至拍出教学楼全景。

在具体拍摄时，可选择学校内有特色的建筑或其他景物，然后根据拍摄对象的位置及拍摄需求规划航线。

三、查看气象信息

在进行航拍之前，需提前查看拍摄地当天的气象信息，不要在大风以及雨雪天飞行；查看日出、日落时间，选择适合的时间段进行拍摄。可使用专业的软件查看日出、日落信息，如"日出日落月相"App，如图6-2所示。初学者可以选择一天中不同的时间段进行拍摄，感受光线变化对照片效果的影响。

四、准备并检查设备

1）检查当天所用设备，查看机身、螺旋桨、遥控器、摄像头等是否有磨损或被毁坏。

2）检查设备电量是否充足，电池温度是否正常。

3）检查螺旋桨、电池是否安装到位。

4）检查存储卡是否放入无人机，卡内是否有足够的存储空间。

五、起飞并调整相机参数

1）将无人机放置在起飞点。

2）展开遥控器天线，注意天线顶端不要指向无人机。

3）开启遥控器。

4）开启无人机。

5）根据遥控器提示对频，记录返航点，检查低电量设置。

6）设置相机参数。

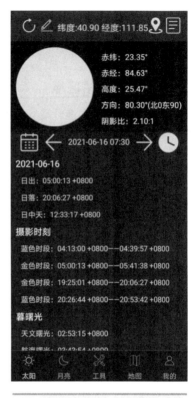

图 6-2　日出日落信息

六、实地拍摄

在进行航空摄影时，由无人机操控人员一人即可完成，一般无须配置云台操作人员。需要注意的是，一个人独立执行航拍任务时，在兼顾镜头画面的同时，更要实时关注无人机的位置，以防止其撞到障碍物。

将无人机飞至指定位置后，调整摄像头角度，注意构图、对焦、曝光等问题，调整好后，按下拍摄按钮。

在进行拍摄时，将无人机飞至目标点后，可通过升降无人机、使无人机环绕目标点、调整镜头俯仰角度等方式，来寻找合适的拍摄角度。虽然飞行前规划了航线，但我们的目标是摄影，需要在已规划航线的基础上，寻找被摄主体的合适角度，并在不同的时间段多次起降，感受不同的光线带来的美感。不同的角度有不同的美，不同的时间段也有不同的美，光线会随着时间而改变，需要我们去发掘不同的美。例如，图 6-3 所示为平拍钟楼的不同角度，图 6-4 所示为俯拍钟楼的不同角度，都是在上午拍摄的；图 6-5 所示为钟楼中景，下午拍摄；图 6-6 所示为教学楼全景，傍晚拍摄。

七、降落

拍摄完成后，将无人机飞至指定地点后平稳降落。

八、回看、整理及筛选素材

拍摄完成后，需要在现场回看素材，确定是否满足拍摄需求，如不满意，应及时进行补拍。

图 6-3 平拍钟楼特写（见彩插）

图 6-4 俯拍钟楼特写（见彩插）

图 6-5 钟楼中景（见彩插）

所有拍摄都结束后，将 SD 卡取出，将素材复制到指定位置，进行素材整理，如重新命名文件名称，调整文件顺序等。

最后筛选出需要的照片，准备修图。

图 6-6　教学楼全景（见彩插）

小提示

　　尽量不要删除素材，因为有些素材虽然有瑕疵，但经过一些处理（如重新构图等），也可能变成一幅好的作品。

任务评价

　　将学生完成任务的情况及评分填入表 6-1 中。

表 6-1　无人机航拍摄影评价表

序号	内容	要求	分值	评价			得分
				学生自评	学生互评	教师评价	
1	职业素养	文明礼仪	5				
2		安全纪律	20				
3		行为习惯	5				
4		工作态度	5				
5		团队合作	5				
6	起飞前准备	按要求做好准备	20				
7	照片质量	构图、色彩	20				
8		正确曝光、对焦	10				
9		快门、光圈	10				
综合评价							

任务拓展

　　使用搭载摄影载荷设备的无人机拍摄校园建筑群及其他景观。

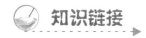

知识链接

一、光与影

人会程序化地对光线、运动、颜色有所反应，人们在观看一些图像或者视频时，同样会对光线、运动、颜色和焦点有所反应。因此，利用光线来引导和抓住观者的眼睛至关重要。

光明和黑暗的值可以在二维画面中产生深度感，营造悲伤、快乐、恐惧等情绪，强调角色主题，以及突出或者强调一个场景中更主要的对象。

（1）光线的种类

1）按光的来源分类，光线可分为自然光和人工光。在自然光条件下，太阳是主要的光源（还有月亮、火、蜡烛等），太阳的高度及其与拍摄方向形成的角度将会决定光的方位，因此在使用太阳光作为主要光源时，就需要了解一天中太阳高度和位置的变化。如通过一些软件，就可以很好地查询太阳或者月亮在未来某个时刻的空间位置，对环境光影进行预判。人工光可根据不同需求进行调整，如拍摄室外夜景时进行不同的灯光控制，或在室内拍摄进行打光等。

2）按光的性质分类，光线可分为硬光和软光。光的性质并不是指光线的好坏，而是指用于照亮的光线有多强烈或者多柔和，因此光线可分为硬光和软光，如图6-7所示。

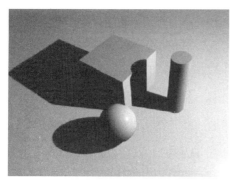 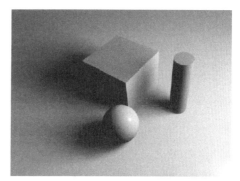

a) 硬光 　　　　　　　　　　　　　　　　　　b) 软光

图6-7　硬光和软光

硬光是指强烈的直射光，比如晴天的太阳光、人工的聚光灯等。硬光具有明显的方向性，直接照射在景物上会产生很强的光比，产成浓重的、有清晰边缘的阴影。此外，硬光也能使画面产生清晰的明暗反差变化，只要合理运用，往往能够产生非常理想的拍摄效果。但是这并不代表硬光就比软光更亮，硬光只是更集中。

软光（也称柔光）是一种漫散射性质的光，如穿过云层或大雾下的太阳光、带有柔光箱的灯光等。软光性质柔和，没有明显的方向性，直接照射在景物上可以形成边缘模糊的阴影或根本没有阴影。因此，软光照射下的物体往往具有柔和的层次过渡和真实的色彩表现，但景物的立体感往往不够强烈。

3）摄影机可以放置在被摄主体周围水平和垂直的虚拟圆圈上，照明灯具等光源的放置方式与之类似。按照光源、摄影机、被摄对象的相对位置关系，可以将光线分为六种，在水平方向上可分为顺光、侧光、逆光，如图 6-8 所示，在垂直方向上可分为顶光、平光、底光，如图 6-9 所示。

（2）色彩　在电子显示屏等领域应用的加色法三原色体系（红、绿、蓝），又称 RGB 颜色模型，它与被物体反射之前从光源发出的光有关，等量的红、绿、蓝混合生成白色，如图 6-10a 所示。

在绘画、印刷等领域应用减色法三原色体系（品红、黄、青），它与物体吸收和反射不同色光的特性有关，等量的红、黄、蓝混合生成黑色，如图 6-10b 所示。

1）色彩三要素，指色相、明度和饱和度。

① 色相。色相指色彩的名称和相貌，决定它的因素是波长。色相环如图 6-11 所示，色相环中位置相近的颜色称为邻近色或和谐色，色相环中处于相对位置的两种颜色称为互补色或对比色。和谐色和对比色的应用如图 6-12 所示。

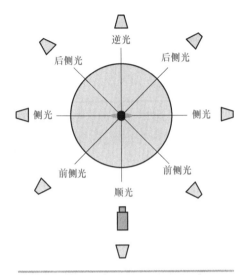

图 6-8　水平方向光线的分类

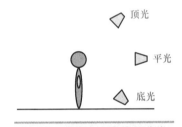

图 6-9　垂直方向光线的分类

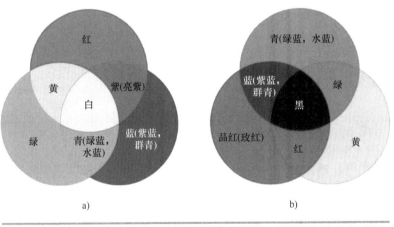

a)　　　　　　　　b)

图 6-10　色光三原色和色料三原色（见彩插）

② 明度。明度指色彩的明暗、深浅程度。决定它的因素是波长的振幅，振幅越宽，明度越高。同一颜色有明度的差异，如图 6-13 所示。不同颜色的明度也有区别，黄色明度较高，红色和绿色明度中等，蓝色和紫色明度最低。明度还会影响人的心理感受，明度高的色彩让人感觉轻松，明度低的色彩让人感觉沉重。

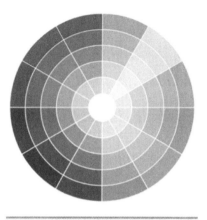

图 6-11 色相环

a) 和谐色

b) 对比色

图 6-12 和谐色和对比色的应用（见彩插）

图 6-13 同一颜色的明度差异

③ 饱和度。饱和度指色彩的纯度。如图 6-14 所示，饱和度取决于颜色中彩色和消色（白、黑）成分的比例。决定它的因素是此色的主波长的单一程度。饱和度高时画面较明艳，饱和度低时画面较暗淡。

a) 低饱和度   b) 中饱和度   c) 高饱和度

图 6-14　饱和度对画面的影响（见彩插）

2）色彩的色调。生活在色彩的世界中，红色的火焰炙热，绿色的植物生长等现象，让人们对色彩产生了某种条件反射，例如红色会让人感到温暖，蓝色会让人感觉寒冷，绿色让人感觉到生命力等。正因为色彩在人们心理上有了象征作用，所以色彩在艺术创作中成为了视觉语言。

色调即画面色彩构成的倾向性。在画面中，若红色在面积和饱和度上占优势，则称为红色调；若蓝色占优势，则称为蓝色调，以此类推。色调不同，给人的感受也不同。在画面中，红、橙、黄色占优势，给人们温暖的感觉，称为暖色调；蓝、青色占优势，给人们寒冷的感觉，称为冷色调，如图 6-15 所示。

（3）色温与白平衡　在日常生活中，光的颜色并不是一成不变的，而会随着光源的变化而变化。不同的光源拥有不同的色温，导致整张照片的色调也不一样。

色温表示光源的光谱成分，单位为开尔文

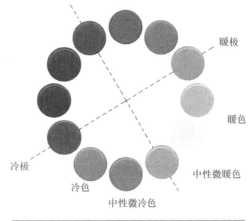

图 6-15　暖色调和冷色调（见彩插）

（K）。在生活中，物体呈现的颜色并不是一成不变的。在不同的光照下，物体颜色会发生变化。通常所说的物体固有色，都是在白光照射下的颜色。色温的数值越小，光就越红，或者说越暖；色温的数值越大，光就越蓝，或者说越冷。如图 6-16 所示，不同光源下，色温的数值也不同，如日出或者日落时光色色温值大约为 3500K，光线色彩接近橙黄色；正午阳光的色温值约为 5600K，光线色彩接近白色，晴天的色温值大约为 7500K，光线色彩为蓝色。

烛光　　白炽灯　　日出/日落　正午阳光　电子闪光灯　多云天空　　晴天
1900K　　3000K　　3500K　　5600K　　5600K　　7000K　　7500K

图 6-16　色温（见彩插）

一般情况下，人们的眼睛是察觉不到色温存在的，除非周围的光线色温过于极端，这是因为人的眼睛会进行自动调节。但是对于相机来说，如果偏离中性色温太远，相机无法自动修正，就会有偏色问题，跟人眼实际看到的颜色不一样。因此相机都有白平衡功能，而通常所说的相机白平衡调整，也是为了使照片所表现的色彩与人眼实际看到的一样。图 6-17 所示为物体在不同的白平衡值下呈现出来的画面对比。白平衡的 K 值使图片呈现出的冷暖色调，正好与实际色温相反。不同的环境可选择不同的 K 值模式，如晴天、阴天等环境，都有对应的选项，也可采用自动白平衡模式或者手动调节白平衡模式。

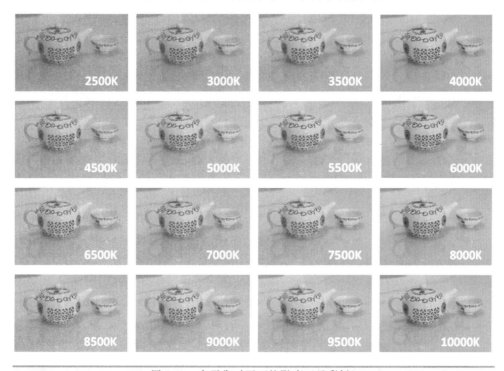

图 6-17 白平衡对画面的影响（见彩插）

（4）对比度 对比度意味着画面中有相对差异的明暗区域。高对比度的影像包含非常亮和非常暗的区域，二者之间有非常明确的界限；低对比度影像的整体画面的明亮程度更接近，亮部跟暗部之间的轮廓不是很分明。通常，要在画面中有一个均衡的反差，即有亮部、暗部以及一个在两者之间的很好的灰度。

（5）一天中不同时段的光线特点 由于航拍主要在室外进行拍摄，而室外的光源主要是太阳光。因为太阳光在每一时刻的高度和角度都不一样，且与我们所处的绝对地理位置相关，所以航拍者要了解拍摄地拍摄当天不同时段太阳光线的特点，计划当天可利用的太阳光的最佳位置和最佳时间，以拍摄出更好的作品。这个最佳时间段可能是上午、中午或某个时间点，不同的时间段太阳光线会呈现不同的效果，航拍者除了要考虑美感，还要结合脚本要求做决定。在拍摄前，可通过一些手机软件查阅拍摄当天日出与日落的时间，以及各个时间段太阳的高度和角度。

各个时间段的光线有不同的特点，适合不同的拍摄需求，下面列举了晴天情况下各时间段光线的特点。

1）日出之前。日出之前半小时，天刚蒙蒙亮，没有阳光直射，光线柔和，呈现冷色调，如图 6-18 所示，适合表现静谧、干净、清爽的主题。

2）早晨与傍晚。早晨与傍晚太阳的入射角度低，在太阳低角度的照射下，会使被拍摄主体产生很长的阴影，形成视觉引导作用，使画面充满立体感，受光面与背光面的明暗反差大。晨昏光线可以说是一天之中摄影的黄金光线，太阳光穿透大气层后，形成低色温的光线，可以与阳光中透出的红色或者黄色光线搭配，让画面产生独特的色彩美感。早晨的光线如图 6-19 所示。但是早晨常常伴有晨雾，需注意飞行安全。

图 6-18　日出之前的光线（见彩插）

图 6-19　早晨的光线（见彩插）

3）上午与下午。上午与下午的光线色温稳定，光照强度适中，光线较为柔和，景物受光面和背光面的明暗反差较弱，是非常适合还原景物和人物本身的外形和色彩特点的一种摄影光线，是航拍常用的时段。下午的光线如图 6-20 所示。

4）中午。中午的时候，太阳光线的入射角度接近 90°，此时光线强度也是一天中最强的。如果在夏日正午拍摄烈日下的浅色景物，强烈的太阳光会淹没被摄物的所有层次。而且由于阳光处在最高点，被摄物的阴影会很短，甚至没有，所以很难表现出景物的明暗关系，如图 6-21 所示。除了考虑画面要求，对于航拍来说，夏季中午气温较高，也不利于无人机散热。

图 6-20　下午的光线（见彩插）

图 6-21　中午的光线（见彩插）

5）日落之后。日落之后，天空呈蓝色，也是风景摄影师们常说的"蓝调时间"。此时城市的灯光已亮起，适合拍摄美丽的城市夜景，可运用慢门拍摄夜幕落下的过程、云彩的变化、车流等。需要注意的是，拍摄夜景不是等天空完全黑下来才拍，而是要充分利用落日余晖，也就是存在天光并且华灯初上之时，这一小段时间是拍摄夜景最好的时间，利用天空中存余的天光可以很好地表现夜景中画面的层次及一些细节，如图 6-22 所示。

6）夜晚。这时天已全黑，拍摄目标受限，适合拍摄城市的灯光、烟火、车流等，图 6-23 拍摄的是学校的灯光和烟火。

图 6-22   日落之后的光线（见彩插）

图 6-23   夜晚的光线（见彩插）

二、镜头与构图

不论是照片还是视频，都依赖视觉元素，摄影师等参与拍摄的人员在创作中要思考呈现给观者的重点是什么，以及如何去表达。

🔍 **小提示**

> 画面是要为作品服务的，个人觉得美的画面可能并不是作品所需要的。

（1）景别   人们在看一些电视节目时会发现所看到的人物、动作、景象并不是以相同的角度、透视关系或距离呈现的。根据摄像头与被摄对象之间的距离的变化，可将景别大致分为特写、中景和远景，而景别归根结底就是画面中包含多大的人、物或者环境。

1）特写是距离被摄对象比较近的镜头，可以重点去展现人物的面部表情、物体的细节之处。

2）中景是最接近人类观察周围环境方式的景别，因此人们在观看中景镜头时会感到非常舒服。中景除了能看清人物的表情以外，还能展示一部分环境信息，介于特写和远景之间。

3）远景是一种更具包容性的镜头，它的取景中包含非常多的人、物以及周围的环境信息，并且能很好地展现它们在物理空间中的关系。因此，远景会更多地展现环境，也是航拍中的主要景别。

以上三种是基本景别，基本景别代表了对被摄对象最直接的描绘，如果再细分的话，还可进行扩展，如大特写、特写、中特写、中景、中远景、远景、大远景等。

（2）摄影角度   摄影角度是指拍摄人物、事件或动作的角度，分为水平和垂直两个维度。

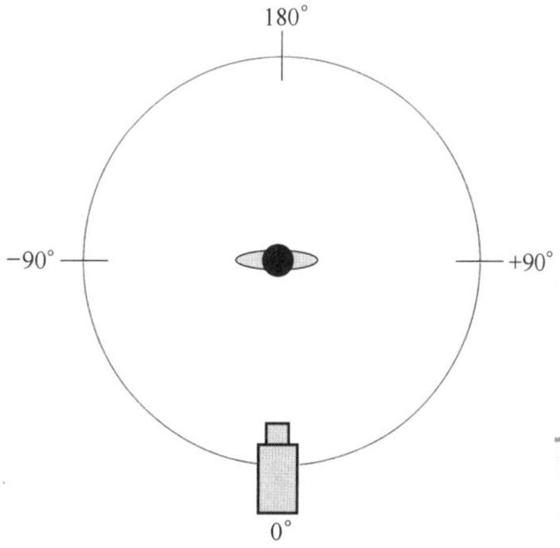

1）水平摄影角度是以被摄对象为圆心作一个水平的圆，将摄影机放在圆周上进行拍摄，如图 6-24 所示。

180°

−90°   +90°

0°

图 6-24   水平摄影角度

无人机运动
镜头的种类

2）垂直摄影角度是以被摄对象为圆心作一个纵向的圆，摄影机沿着这个纵向的圆上、下移动，从而以一定的仰角或俯角拍摄被摄对象，如图 6-25 所示。航拍时常用俯拍的方式进行拍摄。

（3）空间的深度　指将图片或者视频这些二维影像营造出三维立体的空间感。其方式有很多，如通过调整被摄物体的比例、前景后景中的被摄物层次关系等实现。

基于离摄影机镜头的远近，空间被分割成三个部分：前景、中景、后景，它们跟画幅的边缘一起形成了影像的三个维度，即宽度、高度、深度。如图 6-26 所示，前面的道路为前景，人物为中景，亭子为后景。

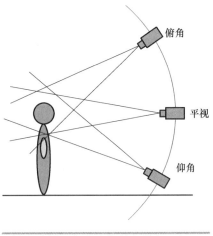

图 6-25　垂直摄影角度

1）前景。前景就是指从摄影机镜头到被摄主体之间的这段距离，如图 6-27 所示的雕塑及建筑。前景并不是必须有东西放上去，只是好的前景元素可以强化镜头的构图，但如果东西放置不好可能会分散观者的注意力。

图 6-26　空间的深度

图 6-27　前景

2）中景。大部分被摄主体会在中景展示，中景在远景和中景这样的大景别镜头中更容易发挥作用，如图 6-28 所示的会场。

3）后景。后景就是从中景之后到无穷远处的一切，如图 6-29 所示的高楼。

图 6-28　中景

图 6-29　后景

（4）构图元素　在拍摄时，首先了解被摄对象，其次构思被摄对象在画面中的位置。巧妙地构思画面中的视觉元素使影像带有均衡的秩序美，这就是构图艺术。构图的基本元素有点、线、面。

1）点。这里的点不同于几何里的点，这里的点是指视觉的中心、画面的重点，是图像中的一个小区域。相对整个画面而言，点是一个非常小或者相对较小的元素，它可以是明亮的、灰暗的或彩色的等，它可以第一时间被人发觉，成为照片中心，如图6-30所示。

一个画面中可以有一个点，也可以有多个点。当有多个点时，观者会不自觉地将点连在一起，形成一条虚构的假想线，给照片带来动感。

2）线。从视觉心理上讲，线具有运动的趋势，它是点连续运动的轨迹。线在画面中最直接的功能是分割画面，最主要的作用是引导视线的移动，如图6-31所示的道路。线有水平的、垂直的、有斜线、曲线，线在分割画面的同时又会划分出新的形状和区域，并以此与视觉产生互动，影响人的观察和情感认知。

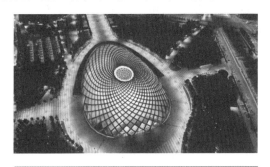

图6-30　点元素

图6-31　线元素

3）面。面是由线围成的。对于这个构图元素来说，我们会更加注重它的形状，如圆形、椭圆形、三角形、矩形、十字形，或者一些形状的组合，如图6-32所示的圆形伞面。面常以色块出现，面在画面中的不同组合，会给作品带来形式感、节奏感和韵律感。

（5）常见的构图方式

1）九宫格构图，又称井字构图，由横竖方向各两条线将画面分成九块相等的区域，这四条线相交后形成四个交点，把拍摄主体安排在任意一个交点位置，都会让画面看起来很舒服。如图6-33所示，分别将拍摄主体置于左下角和右上角。

2）三分法构图，指把画面分成横向或竖向的三等份，被摄主体通常位于三分线上。其构图简练，赋予画面一种舒适的平衡感。图6-34所示为横向三分法构图和纵向三分法构图。

3）水平线构图，有平衡、稳定、安宁的感觉。使用水平线构图的画面，一般主导线是水平方向的，地平线一般都处在画面正中附近，将画面一分为二，主要用于表达宽

图6-32　面元素

广、豁达的大场面。如拍摄微波荡漾的水面，如图 6-35 所示，还可拍摄无垠的田野、层峦的远山、广阔的草原等。

a) 主体置于左下角

b) 主体置于右上角

图 6-33 九宫格构图

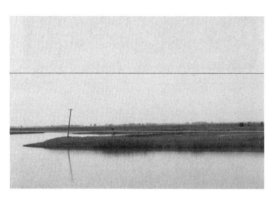
a) 横向三分法

b) 纵向三分法

图 6-34 三分法构图

4）对角线构图利用画面中的斜线，给画面带来动感，使画面具有活力。在读图时观者会习惯于扫描对角线，上升对角线能对视觉起到缓和作用，防止观者视线太快离开画面，而下降对角线会引导观者视线从上而下移出画面，图 6-36 所示为下降对角线构图。想要用好这种构图方式，需要练习对空间的把握能力。

图 6-35 水平线构图

图 6-36 下降对角线构图

5）曲线构图，具有柔美或动感的特性。S形曲线构图是指左右蜿蜒有一定规律的线条，观者的视线和注意力不由得跟着画面线条的走向流动，同时也给画面带来空间感和纵深感，如图6-37所示。

6）对称构图，是指把画面分为上下或左右两部分，这两个区域所占面积相等，相互对应，给人以平衡稳定的感受，能够表现端庄、肃穆、安定的感觉，如图6-38所示的会场。

图6-37 曲线构图

图6-38 对称构图

7）中心点构图，是主体处于中心位置，四周景物呈现朝中心集中的构图方式，将观者的视线引向中心，突出主体的鲜明特点，如图6-39所示。

8）星罗式构图，是指将重复元素随机排布在画面中，因重复元素具有统一性，可使画面获得一种特殊的协调性，又因为其随机性，会引起观者的好奇心，如图6-40所示飞行的小鸟。

图6-39 中心点构图

图6-40 星罗式构图

三、相机的设置

（1）光圈 光圈即镜头上的遮光片，是一个用来控制单位时间内通过镜头的光线量的装置，通常在镜头内，如图6-41所示。

光圈的大小通常用f值来表示。f值为镜头的焦距与光圈口径的比值，值越小代表光圈开孔越大，有更多的光线进入，使画面变亮。f值是有固定数值的，如图6-42所示，完整的光圈系列值为：f1、f1.4、f2、f2.8、f4、f5.6、f8、f11、f16、

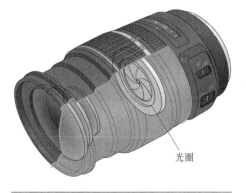

光圈

图6-41 光圈在相机中的位置

f22、f32、f44、f64。相邻的两个光圈值，其进光量相差一倍，称为一档。

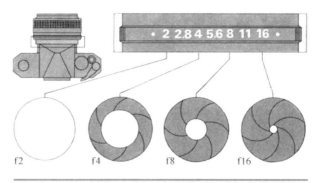

图 6-42　光圈的大小

光圈除了有控制进光量的作用外，还会影响景深。不论是人眼还是摄影机，一次只能聚焦一个物理平面或者距离，而这段距离被称为焦距，聚焦的这一点称为焦点。在这个焦点的周围有一个区域也有可接受的清晰度，这个区域被称为景深。影响景深的因素有很多，但关系最大的就是光圈的大小。光圈越大，景深越浅，即清晰的区域越小，如图 6-43a 所示；光圈越小，景深越深，即清晰的区域越大，如图 6-43b 所示。需特别强调的是，镜头聚焦的内容就是画面的重点的内容。

a) 光圈大　　　　　　　　　　　　　　　　　　b) 光圈小

图 6-43　不同光圈大小对景深的影响（见彩插）

（2）快门　快门是相机用来控制感光片有效曝光时间的机构，也是相机的重要组成部分。相机快门跟光圈一样，都是控制光线进入相机的元件，快门是以时间来控制进光量。平常情况下，快门都是关闭状态，只有按下拍照按钮的那一瞬间，快门才会打开，光会到达感光元器件，从而记录影像。快门打开的时间越长，到达感光元器件的光就越多。所谓的快门速度，其实就是指光线获准进入相机的时间，其单位为 s，范围一般为 1/8000~30s。

快门速度的表示有以下两种情况：相机上显示的 8000~4，表示分数形式快门速度的分母，如 800、80 等，分别表示快门速度为 1/800s、1/80s，如图 6-44a 所示；而从 1/4s 往后则换了一种表示方法，如 0″4、1″6、3″等，分别表示 0.4s、1.6s、3s，如图 6-44b 所示。

快门速度的大小代表着曝光时间的长短，在光线充足的情况下，如上、下午和中午，所需的曝光时间较短；在光线不足的情况下，所需的曝光时间会变长，即其他参数不变的情况下，会使画面变亮。如果需要较长时间的曝光，需要拍摄设备稳定，以防止图像有虚影。

a)   b)

图 6-44 快门速度的表示方法

航拍机通常有以下两种曝光模式，自动曝光（Auto）和手控曝光（M），应用于不同场合。其中手动曝光模式每次拍摄时都需手动完成光圈和快门速度的调节，这样的好处是方便摄影师制造不同的照片效果。快门除了可控制进光量，还能使照片有不同的表现效果。如拍摄夜晚的车流，曝光时间设置得较长时，可记录车流轨迹，如图 6-45 所示；曝光时间设置得较短时，可记录车流的瞬时状态，如图 6-46 所示。另外，在拍摄含有灯光的照片或者视频时，快门速度的设定对画面的稳定也有重要影响。

图 6-45 快门速度为 2.5s 的车流   图 6-46 快门速度为 1/400s 的车流

当要记录一些瞬时运动时，除了使用高速快门，还可打开相机的连拍功能，而且要预估人或物的运动趋势。

在航拍时想要使用低速快门记录一些运动轨迹，要设定无人机为三脚架飞行模式，并降低无人机的飞行控制敏感度及飞行速度，由于摄像头是通过云台搭载在无人机上，可以有效减小晃动，有助于长时曝光。

（3）感光度 相机感光度英文缩写为 ISO，是指相机中的感光器对光线的敏感程度。感光器对光线越敏感（感光度值越高），所需曝光时间就越短，此时可适度降低快门值，适用于在光线较暗条件下拍摄。但是 ISO 值越大，图像噪点越多，成像质量也越差。在航拍中，如果是在光线充足的户外进行拍摄，建议适度减小 ISO 值，提升画质，如环境光线过强，也可选用减光中灰（ND）镜协助拍摄。

（4）测光 相机要得到正确的曝光，就需要获得正确的光量，否则成像就会太亮或者太暗，而光量大小又与光照强度、光照时间以及感光器的感光度有关。在拍摄中，光圈控制光照强度，快门速度控制光照时间，感光器则控制感光介质对光线的灵敏度。现代的自动相机能自动联动控制这些参数，但控制之前必须获得光量的大小。获得光量的过程称为测光，即测定光量。

测光有以下几种方式。

1）评价测光，就是将取景范围分为多个区域测光，对各区域的数据进行加权平均，如图 6-47 所示。这种测光方式可避免高光对测光的影响，在自动曝光模式中使用得较多。

2）局部测光（又称部分测光、区域测光）和点测光（也称重点测光），都是仅测量画面中心很小部分区域的景物亮度，以此作为测光读数和自动曝光的依据。

测光面积占整个画面 10% 左右的，称为局部测光，如图 6-48 所示。测光面积占整个画面 3% 左右的，称为点测光，如图 6-49 所示。

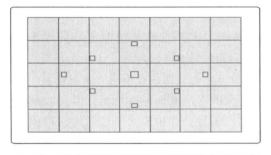

图 6-47　评价测光　　　　　　　　　　图 6-48　局部测光

使用这两种测光方式时，把极小的测光区域对准景物中的 18% 的中灰色调，通常就能获得准确的曝光。

3）中央重点平均测光，就是对取景范围的 30% 左右进行测光，同时兼顾画面边缘，最终进行平均加权而得出测光数据，如图 6-50 所示。这种测光方式多用于主体占画面较大面积，或者光比与色彩差异较大时。

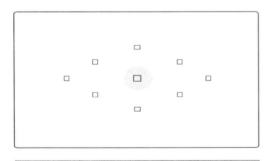

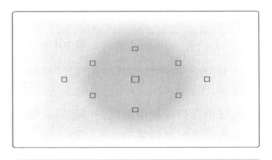

图 6-49　点测光　　　　　　　　　　图 6-50　中央重点平均测光

四、特殊环境拍摄

（1）夜间航拍　在夜间进行航拍时，切勿关闭机臂灯，以便于观察无人机位置，以及使他人知悉无人机的存在。此外，应在白天去飞行地进行实地考察，熟悉飞行区域内的障碍物。

（2）室内航拍　GPS 信号具有一定的穿透性，在室内飞行时，定位效果有可能存在很大偏差，导致无人机大范围飘动，极易碰撞周围物体，而且室内外的磁场通常不一样，因此在室内一定要谨慎飞行，不能完全依赖无人机的定位功能。

任务2　航拍图片素材后期处理

任务描述

本任务主要是使用 Photoshop 软件对选好的图片进行后期处理，包括裁剪、调色、去杂质等基本操作，最后按参数要求输出图片。

任务实施

一、打开 Photoshop 软件

双击 Photoshop 桌面快捷方式图标，打开 Photoshop 软件，然后打开一张提前选好的照片，此处选用教学楼照片，如图 6-51 所示。

图 6-51　打开照片文件

二、新建图层并锁定背景层

首先将开始的图层设置为背景层，选中该图层后，依次单击菜单栏中的 "图层"→"新建"→"图层背景" 按钮，然后使用快捷键<Ctrl+J>新建图层，并关闭背景层，如图 6-52 所示。

三、裁剪及旋转照片，完善画面布局

使用左侧工具栏的中裁剪工具，可调整图片长宽比例或者进行重新构图，如图 6-53 所示。

图 6-52　新建图层并锁定背景层

图 6-53　裁剪图片

> 🔍 **小提示**
>
> 　　这个操作会连背景图层一并裁剪掉，并且除了能在历史记录中找回，此项操作过程不可逆。

四、使用修补工具，去除照片杂质

　　使用工具栏中的修补工具，可以去除照片杂质，如图 6-54 所示。航拍照片一般都是中、远景居多，少有需要去除的杂质。

五、锐化照片细节，提高照片清晰度

使用锐化工具（图6-55），锐化照片细节，调整其清晰度，如图6-56所示。

锐化工具可增加相邻像素的对比度，使边缘更加明显，使照片聚焦。

小提示

锐化工具不适合过度使用，否则会导致照片严重失真。

图 6-54 修补工具

图 6-55 锐化工具

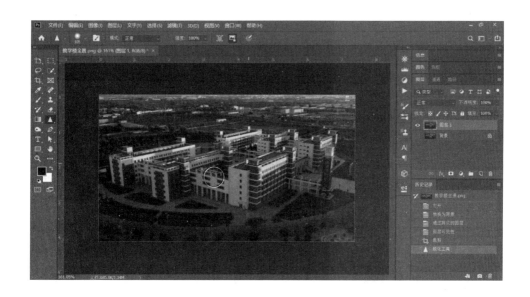

图 6-56 锐化照片细节

六、新建曲线图层，调整颜色明暗

单击"新建调整图层"按钮，选择"曲线"命令，调整照片的明暗，如图6-57所示。

七、调整照片色彩平衡

单击"新建调整图层"按钮，选择新建色彩平衡图层，可对照片的阴影、高光、中间调分别进行调色，如图6-58所示。

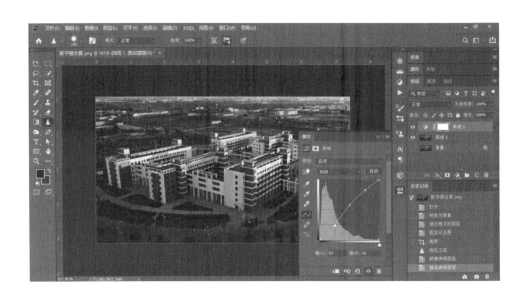

图 6-57　调整照片明暗

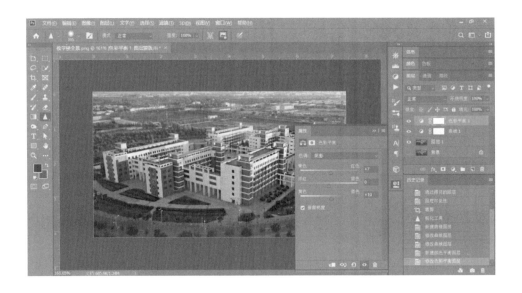

图 6-58　调整照片色彩平衡

八、输出文件

简单的修图完成后，在菜单栏中依次单击"文件"→"导出"→"导出为"按钮，弹出图 6-59 所示对话框，设定好"格式""图像大小"等参数后，单击"全部导出"按钮，最后成果如图 6-60 所示。

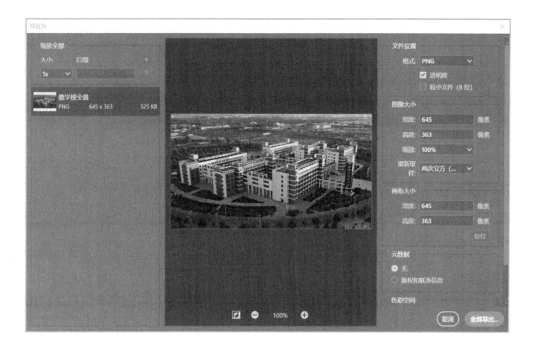

图 6-59　导出图片对话框

图 6-60　教学楼特写精修图

任务评价

将学生完成任务的情况及评分填入表 6-2 中。

表 6-2 航拍图片素材后期处理评价表

序号	内容	要求	分值	评价			得分
				学生自评	学生互评	教师评价	
1	职业素养	文明礼仪	5				
2		安全纪律	10				
3		行为习惯	5				
4		工作态度	5				
5		团队合作	5				
6	Photoshop 软件使用	照片处理流程	20				
7		裁剪、锐化	10				
8		调整照片明暗	20				
9		调整照片色彩平衡	20				
综合评价							

 **任务拓展**

1）用 Photoshop 软件按上述任务步骤再精修三张照片。

2）使用手机修图 App（如 Snapseed、美图秀秀），按照 Photoshop 修图理念精修一张照片。

 **知识链接**

常用图片处理软件

（1）Photoshop Adobe Photoshop 是由 Adobe Systems 开发和发行的图像处理软件。Photoshop 主要处理以像素所构成的数字图像。使用其众多的编修与绘图工具，可以有效地进行图片编辑工作。Photoshop 有很多功能，如图像编辑、图像合成、镜头校正及滤镜库等，在平面设计、广告摄影、影像创意、网页制作等多个领域应用广泛，是较为专业的图像处理软件。

（2）手机修图 App 随着手机的普及与发展，现如今手机也可以拍出满足要求的照片，并且拍完照片可以直接使用手机修图软件进行图像处理。常用的手机修图 App 有 Snapseed、美图秀秀等，其总体修图思路与 Photoshop 软件一致，但如果需对大量照片进行精修，使用计算机效率会更高。

任务 3 无人机航拍摄像

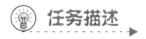 **任务描述**

本任务是使用无人机按分镜头脚本要求对校园进行航拍，并将视频素材提交给导演。

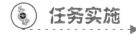

任务实施

一、撰写分镜头脚本

在开始航拍之前，无论是拍摄时间还是拍摄地点，以及拍摄内容、拍摄角度等问题，都要与导演沟通后再决定。可以使用导演给定的分镜头脚本，也可以通过前期与导演的沟通，自己撰写分镜头脚本，然后去拍出导演需要的画面。

本任务是航拍校园（本任务拍摄内蒙古电子信息职业技术学院，其平面图如图6-61所示），在任务初期撰写了分镜头脚本，见表6-3。

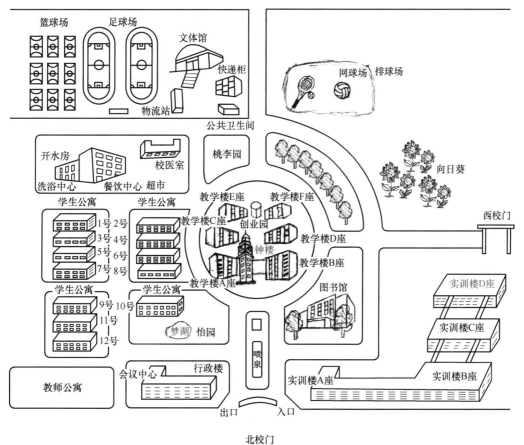

图 6-61　校园平面图

表 6-3　校园航拍分镜头脚本

组号	镜头号	镜头主体	景别	镜头内容	运镜	拍摄场地	备注
1	1	钟楼	近景	环绕钟楼（近景）	环绕	钟楼附近环道	
1	2	钟楼	远景	镜头向斜后方拉，直到展现校园全貌	拉摄	钟楼附近环道	

（续）

组号	镜头号	镜头主体	景别	镜头内容	运镜	拍摄场地	备注
1	3	钟楼	特写	绕钟楼进行环绕拍摄	环绕	钟楼附近环道	
2	1	实训楼 D 座	中景	从实训楼近处向后拉镜头	拉摄	实训楼 D 座附近	以实训楼楼顶的字"电子信息学院"为重点
2	2	实训楼 D 座	远景	在远处向右平移镜头	移摄	实训楼 D 座附近	
2	3	实训楼群	中景	以实训中心为主，无人机向下直飞，镜头上摇	摇摄	实训楼 A 座附近	
3	1	梦湖	中景 超大远景	从远推摄，至中景时做半环绕拍摄，然后拉镜头	推摄环绕拉摄	梦湖附近环道	始终以梦湖为中心
4	1	学校建筑群	超大远景	从远处拍校园全景	移摄	校门附近	以钟楼为中心

二、了解航拍区域

不论是航空摄影还是摄像，了解航拍区域信息都很重要，具体内容参见任务 1 任务实施。

三、规划航拍路线

通过与导演沟通及分析分镜头脚本，了解到本次航拍主要有四组镜头，为提高拍摄效率，在熟悉了拍摄区域的相关信息后，提前规划以下航线。

（1）起飞点：钟楼附近环道　升高度，环绕钟楼→向后拉摄→返回起飞点降落。

（2）起飞点：实训楼 D 座附近　以实训楼 D 座为中心向后拉摄→移摄实训楼 D 座→飞至实训楼 A 座高处，由高往低直飞，摇摄实训楼群→返回起飞点降落。

（3）起飞点：梦湖附近环道　飞到斜后方，然后向前推摄→半环绕梦湖→向后拉摄→返回起飞点降落。

（4）起飞点：校门附近　飞到远处直至展现校园全景，移摄→返回起飞点降落。

由于航空摄像镜头较复杂，需要运镜，无人机操控人员一人无法很好地完成，需要云台操作人员一起协助完成。

规划好航线后，可提前进行试飞，为实拍做好准备，尽早发现可能存在的问题，验证导演所需镜头的可行性。即使是试飞，拍摄团队也要当成开机实拍，完成拍摄后可与导演确认拍摄画面是否合格。

四、查看气象信息

具体内容参见任务 1 任务实施。

五、准备并检查设备

具体内容参见任务 1 任务实施。

六、起飞并调整相机参数

具体内容参见任务 1 任务实施。

七、实地拍摄

实拍是航拍中最重要的环节，需要无人机操控人员和云台操作人员默契配合才能提高成功率。有一些镜头由于各种原因（如自然现象、活动仪式等）可能无法重来，所以无人机操控人员和云台操作人员应该把每一次开机都当成实拍，认真对待，慢慢做到实拍一条过。

在实拍时，无人机操控人员和云台操作人员都有各自的职责，划分好团队成员中各自的工作内容，可以提高工作效率，减少出错率。

（1）无人机操控人员职责

1）参与踩点并进行航线规划。

2）选择良好的起飞点。

3）与导演、云台操作人员确认拍摄内容与画面信息，与导演、云台操作人员保持沟通，对于突发情况能够及时做出正确的反应。

4）检查无人机，确保飞行安全，判断无人机，状态是否正常，并能及时排查安全隐患，如无人机，位置、电池电量、信号强度等。

5）安装桨叶和电池，确认没有松动。

6）降落时注意周围可能发生的安全隐患，如路人、动物等。

（2）云台操作人员职责

1）检查传感器、镜头、ND镜、紫外线滤光（UV）镜上有无污点。

2）调平并安装云台。

3）安装TF卡与SSD卡。

4）保证正确的格式、曝光、构图、焦点、色温、帧率。

5）确认当前TF卡、SSD卡中内容是否备份，加已备份，可将卡格式化。

小提示

在实拍过程中经常会出现忘记按下录制键的情况，因此建议在无人机起飞时就按下录制键。在拍摄过程中，也可能会有突发情况，为避免错失重要镜头，建议在起飞后不要中断录制，直至降落再停止录制。如有需要，可在后期再将录制的内容剪成多个片段。

（3）拍摄　根据分镜头脚本要求，完成镜头的拍摄。

1）第1组镜头以钟楼作为主体，根据镜头内容的要求，完成钟楼特写、近景、远景等镜头，如图6-62~图6-64所示。

图6-62　环绕钟楼（近景）

图6-63　拉摄钟楼（远景）

2）第 2 组镜头以实训楼 D 座作为主体，根据镜头内容的要求，完成实训楼中景、远景镜头，如图 6-65~图 6-67 所示。

图 6-64　环绕钟楼（特写）

图 6-65　拉摄实训楼 D 座（中景）

图 6-66　移摄实训楼 D 座（远景）

图 6-67　摇摄实训楼群（中景）

3）第 3 组镜头以梦湖作为主体，根据镜头内容的要求，完成梦湖中景、超大远景镜头，如图 6-68~图 6-70 所示。

图 6-68　推摄梦湖

图 6-69　环绕梦湖

4）第 4 组镜头以学校建筑群作为主体，根据镜头内容的要求，完成学校建筑群超大远景的镜头，如图 6-71 所示。

八、回看素材及素材复制

在现场拍摄时，每拍摄一条素材或者拍完一组镜头后，都要在现场回放，以确认拍摄内容是否满足导演要求，检查是否存在穿帮镜头等。如有问题，及时补拍即可。

图 6-70　拉摄梦湖

图 6-71　移摄学校建筑群

在拍摄现场，对于没有备份的素材，切勿随意删除、更改文件名称、调整顺序。拍摄完成后，及时将素材复制给工作人员。

任务评价

将学生完成任务的情况及评分填入表 6-4 中。

表 6-4　无人机航拍摄像评价表

序号	内容	要求	分值	评价			得分
				学生自评	学生互评	教师评价	
1	职业素养	文明礼仪	5				
2		安全纪律	10				
3		行为习惯	5				
4		工作态度	5				
5		团队合作	5				
6	视频质量	第 1 组镜头	20				
7		第 2 组镜头	20				
8		第 3 组镜头	20				
9		第 4 组镜头	10				
综合评价							

任务拓展

撰写一个航拍校园的分镜头脚本，然后使用搭载摄像头的无人机，按脚本要求规划航线、航拍校园。

知识链接

一、分镜头脚本

在写分镜头脚本之前，认真考虑以下问题，可以帮助我们设计场景，提供拍摄和剪辑策略，从而更好地撰写分镜头脚本。

（1）地理因素　为了营造满意的环境，场景必须表现些什么？

场景对环境的介绍是否过早，还是剧情被延后了？

需要怎样结合拍摄距离和镜头类型，来容纳最广阔的拍摄角度？拍摄场地范围足够大吗？可以实现这个结合吗？

（2）角色的运动　角色从一点移动到另一点的时机及原因是什么？

你如何表现它？（例如机位后退拍摄一个广角镜头或摄影机随一个角色移动等。）

在运动的每个阶段，角色沿着什么轴线移动？

（3）视点　在每一个关键时刻，分享的是谁的视点？在整个故事中谁的全面视点起主导作用？视点变化的时间和原因是什么？视点变化偏向于主观还是客观？为什么要这样？附加视点可能传达什么样的情感或思想？在这场戏中应如何清楚表明讲述者对事件的态度？

（4）视线　在这个镜头中最重要的视线是什么？（视线的改变会成为观者观看的动机，也会决定拍摄时每个镜头的机位变化。）视线在哪里改变？摄影机应该在何处与视线一致？

（5）摄影机运动　摄影机在什么时候移动？为什么要移动？摄影机的运动产生什么感觉？它应以什么样的速度运动？（如果需要运动和场景中的某些试听节奏保持一致，那么运动速度的设定必须恰当。）

（6）构图关系　在什么时间表现以及如何表现重要关系？

（7）隔立　什么人或什么事件会被合理地从环境中隔立出来？

（8）空间　角色间的空间重要性是什么？人物间的空间充满了情绪，并且可以表明谁掌握控制权，谁在后退或隐藏自己。（机位和镜头的选择会改变观者对空间的感受。）

以上列出的这些考虑因素因为针对的是电影拍摄，所以涉及许多关于人物的策划。我们实际接触的许多视频可能并不涉及人物，例如一个景点的航拍片，这时在写分镜头脚本时可以考虑地形地貌、摄像机运动路径等因素。

二、无人机运动镜头的种类

航拍所需的所有复杂镜头都是由基本的运动镜头组合而成的。一个完整的运动镜头需要结合飞行航线即云台拍摄角度来设计。根据航线变化可将运动镜头分为直飞、上升、下降和环绕，结合云台运动，视角可分为平视、俯视和仰视。

（1）直飞　直飞即无人机保持水平直线飞行，配合升降操纵可分为直飞上升、直飞下降，在飞行过程中，根据拍摄需求可改变云台视角。

1）直飞、云台平视，是指无人机保持在一定高度上，沿水平方向直飞，云台保持平视，如图 6-72 所示。

a）航拍的最终画面　　　　　　　　b）摄像机运动轨迹

图 6-72　直飞、云台平视

2）直飞、云台俯视，是指无人机保持直飞的过程中，云台保持俯视，如图 6-73 所示。不同的俯视角度得到的画面纵深效果不同，垂直 90°情况下的俯视也称为正扣，如图 6-74 所示。

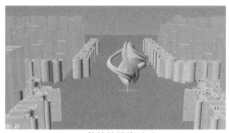

a) 航拍的最终画面

b) 摄像机运动轨迹

图 6-73　直飞、云台俯视

a) 航拍的最终画面

b) 摄像机运动轨迹

图 6-74　直飞、云台正扣

3）直飞上升、云台运动，是指无人机在直飞前进的同时提升高度，画面信息量随着高度的上升而增加，以云台 0°～-90°（向下摇）或 90°～0°区间（向上摇）运动，如图 6-75 所示。无人机直飞上升的同时，摄像头缓缓向下摇，跟随目标点。

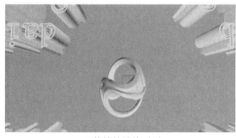

a) 航拍的最终画面

b) 摄像机运动轨迹

图 6-75　直飞上升、云台运动

4）直飞下降、云台运动，是指无人机在直飞过程中降低飞行高度，使画面从周围的大环境过渡到画面主体，无人机与主体距离越来越近，画面中的视觉元素数量逐渐减少，主体更加突出，镜头除了向上或者向下摇，也可以向左或向右摇，从不同角度展现主体与环境的关系。

（2）上升　上升即无人机在运动过程中增加飞行高度。在上升拍摄时，无人机与主体的距离通常是由近及远、由低到高的，使画面中的视觉元素数量发生变化，同时云台也可以进行不同角度的转变。

1）垂直上升，云台平视，主要用来拍摄上升运动的主体或较高的建筑等。拍摄前应设计好起幅和落幅画面，为主体找到适当的前景、后景，通过上升运动，更迭信息，丰富画面内容。

2）后退上升，云台俯视，拍摄的画面由局部逐步扩展到整体，交代拍摄的主体环境，如图6-76所示。

a) 航拍的最终画面　　　　　　　　　　b) 摄像机运动轨迹

图 6-76　后退上升、云台俯视

3）无人机垂直上升，云台跟随主体运动。云台运动分为两种情况：一种是云台从起幅跟随主体直到落幅；另一种情况是无人机先上升，待主体入画后云台运动，锁定主体。

4）垂直上升、正扣旋转，是指无人机在拍摄目标正上方垂直上升的过程中，云台正扣旋转，使被摄主体处于画面中心点的位置，如图6-77所示。拍摄时常常使用此方法展现主体在画面中的冲击力。

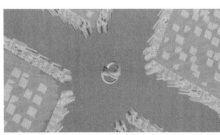 

a) 航拍的最终画面　　　　　　　　　　b) 摄像机运动轨迹

图 6-77　垂直上升、正扣旋转

（3）下降　无人机下降即在飞行过程中降低飞行高度，拍摄主体的距离通常由远及近、由高到低。在这个过程中，主体在画面中所占比例会发生变化，同时云台角度也可分为俯视、仰视、平视，需根据实际拍摄情况灵活运用。

1）垂直下降，云台平视，主要用来拍摄下降运动的主体或较高的建筑等，与垂直上升、云台平视类似。

2）垂直下降、云台俯视，是指无人机垂直下降时云台保持俯视。在此视角下，无人机逐渐聚焦于主体局部或增加主体在画面中的比例，突出主体的存在感。

3）无人机后退下降配合云台运动，在这过程中云台紧跟主体，主要是上摇运动。云台运动分为两种情况：一种是云台从起幅跟随主体直到落幅；另一种是无人机先下降，待主体入画后云台开始跟随主体运动，利用无人机的高度为目标带来不同视角的信息。

（4）环绕　无人机围绕主体环绕拍摄的运动镜头，也称"刷锅"。它能够全方位地展现主体信息，通过环绕运动镜头交代主体所处的环境信息，展现主体与环境的关系。为丰富视觉效果，还可以采用等距环绕、环绕靠近、环绕拉远、环绕上升拉远、环绕靠近下降等方式拍摄，图 6-78 所示为等距环绕。

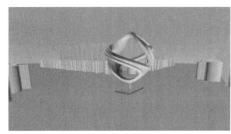

a) 航拍的最终画面　　　　　　　　　　b) 摄像机运动轨迹

图 6-78　等距环绕

三、特种拍摄

（1）天地一体镜头　天地一体镜头是指在不依赖后期剪辑的情况下，利用一个时间较长的连贯镜头完成天空与地面之间的调度。这种镜头调度既有航拍独特的视角，又有地面机位跟拍的效果，需要对画面起幅和落幅进行精准设计，实现在同一个镜头内完成景别的转换和视觉元素的更替。

天地一体镜头分为从天到地和从地到天两种。

由于天地一体镜头调度时间和距离都比较长，所以出现失误的概率也会增大。这种镜头不仅要求无人机航线精准，演员和调度也同样重要，任何环节的失误都可能导致整个镜头重拍。

天地一体镜头的拍摄通常由无人机操控人员、云台操作人员、手持摄影师三人配合完成：无人机操控人员负责调度空中的航线，云台操作人员负责全程构图，手持摄影师手持无人机完成地面拍摄。在拍摄之前，相关人员要进行练习，找准位置，并提前确定无人机轨迹，保证无人机从空中起幅的位置逐渐落下，然后手持摄影师要确认无人机入手的最佳动作，找到合适的手接位置，接住逐渐降落的无人机后进行手持拍摄。

（2）延时拍摄　延时拍摄是一种将时间压缩的拍摄手法，可以体现时间的流逝，重点表现时间流逝中事物产生的变化，可用来拍摄风云快速变幻的天空、交替的昼夜、川流不息的马路等。

传统的地面延时拍摄受限于拍摄高度和角度，现在很多无人机可实现此功能。在延时拍摄时需大致计算获得需要素材的快门时间间隔。假设无人机剩余有效拍摄时间为 15min，而后期剪辑需要 10s 的素材。通过 15min 即 900s 的有效拍摄时机除以 25 帧/s 的拍摄帧率与后期素材时长 10s 的乘积 ［即 $900/(25 \times 10) = 3.6$］，可以得出在剩余有效时间内拍摄时至少需要每隔 3.6s 释放一次快门，这样才能保证后期工作有足够的素材。

四、直播

目前常用的无人机航拍直播方式有三种：无人机至移动设备、无人机至导播台、无人机至第三方硬件直播平台。

拍摄团队在无人机航拍直播前应检查链路顺序，避免直播过程中出现事故，具体包括以下内容。

1）无人机和遥控器链路的检查。

2）移动端和遥控器链路的检查。

3）遥控器和导播台链路的检查。

为防止直播时出现事故，航拍团队需要实拍录制直播预演，并将录制的素材统一交给导播备份，以防突发事件导致直播中断。

五、处理航拍中的特殊情况

（1）无人机失控 在拍摄时，由于环境的复杂性等一些特殊原因，无人机可能会失控。这要求无人机操控人员必须选择合理的起飞点，保证周围没有障碍物遮挡，同时还要使无人机时刻保持在视线范围之内。即便做好上述内容，拍摄过程中还可能因为一些未知因素导致无人机失控，为了应对这种情况，航拍时需提前设置好无人机的失控行为。

在 DJI GO 4 软件中，有三种无人机失控行为的处理方式：失控返航、失控悬停、原地下降。根据不同情况，可采取不同的处理方式。

失控返航：在建筑物上方拍摄全景或远景时，设置安全返航高度后，建议选择此方式。

失控悬停：在建筑物之间或无人机上方有障碍物时，建议采用这种方式。

原地下降：一般情况下不推荐此方式，因为盲目下降可能导致发生意外。

（2）低电量 在 DJI GO 软件中可设置无人机低电量返航。当无人机电量降至 10% 以下时，会出现严重低电量报警，无人机尾部指示灯会变为红灯快闪，App 界面的电量槽会由黄色变为红色，并弹窗警告，之后便会出现强制下降的情况，建议立即操纵返航，以保证无人机与周围人群的安全。

（3）低温下的突发状况 在温度较低的情况下，锂电池的活性会降低，无人机续航能力也会明显减弱。为保持电池的正常工作温度，可使用保温材料对电池进行保温或在起飞前对电池进行预热。

在低温情况下更换镜头也要注意，要判断设备和环境的温差，选择温差最小的环境进行更换，避免因温差在镜头及感光器件上产生水珠，对其造成损坏。

（4）图传信号丢失 当 App 上的图传信号丢失时，应第一时间调整天线，尝试重新获得图传信号，并目视查找无人机的位置。如果无人机目视可见，可通过打杆判断无人机朝向，从而控制无人机返航；如果无人机目视不可见，可能被建筑物遮挡，如果是在高度上遮挡，可以尝试拉升无人机 5s（不可更长时间操作）；如果为方位遮挡，在确认安全的情况下，应迅速移动无人机，尝试避开障碍，以重新获得图传信号。

如进行上述操作后还是没有图传信号，应检查 App 上方的遥控信号是否存在，然后打开全屏地图，尝试转动方向，检查屏幕上的无人机图标朝向是否有变化。如果有变化，说明只是图传信号丢失，仍然可通过地图方位指引无人机返航。

任务 4   航拍视频素材后期处理

任务描述

本任务使用 Adobe Premiere Pro（Pr）软件对所获取的素材按照脚本要求进行剪辑，并输出成片。

任务实施

一、获取并整理素材

剪辑师在获取素材后，就可以开始整理工作了。无论是图片、视频还是声音，都必须以一定的方式进行组织整理，如果这些资料没有一个清晰的标识、分组或归类机制，在成片剪辑中很难提高工作效率。

可以大致按视频内容对素材进行重命名，然后分组归类，如图 6-79 所示，也可按照自己的方式进行整理。

小提示

一旦确定了素材的位置以及名称，在开始剪辑新建项目文件后，就不要轻易再去变动素材，否则会使已导入软件的文件脱轨，增加工作量。

图 6-79   整理素材

二、回看和筛选

作为剪辑师，需要熟悉所有镜头片段，在浏览这些镜头时需要评估这些镜头是否有质量问题，并在剪辑开始就判断其可用性。这一方面将有助于去粗取精，或者保留你认为最好的镜头，留作顺片时用；另一方面能让你知道有哪些镜头可供选择。

🔍 **小提示**

　　不要在回看时轻易删除素材，因为有些素材可能整体差一点，但是中间有几秒是后期可能会用到的。即使这个镜头不是第一选择，也要将它保留待用。

回看和筛选可以在文件夹中打开视频软件进行，也可以在 Pr 软件中完成。

1）双击 Pr 桌面快捷方式图标打开软件，新建项目文件，如图 6-80 所示，更改项目名称，设置存储位置后，单击"确定"按钮。

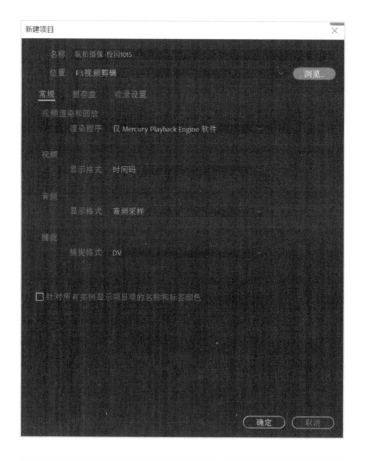

图 6-80　新建项目文件

2）项目面板会显示"导入媒体以开始"，如图 6-81 所示，双击这行字所在的图框，弹出"导入"对话框，如图 6-82 所示，找到文件所在位置，选择所需文件后单击"打开"按钮，素材将被导入到 Pr 软件中，如图 6-83 所示。

图 6-81　项目面板

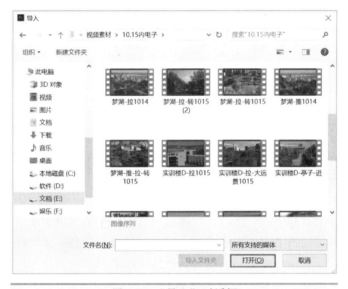

图 6-82　"导入"对话框

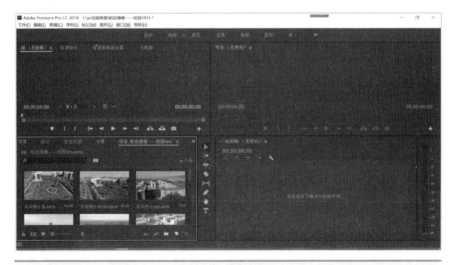

图 6-83　导入素材

3）可在源面板中浏览素材，并使用该面板下方的工具标记入点和出点，截取想要的片段，如图6-84所示。

图6-84　在源面板中浏览素材

三、顺片

该过程需要将所有主要镜头的影像和声音元素按逻辑顺序进行组合。如果有脚本，必须以脚本为蓝图，将各个最佳场景镜头组合起来。如果没有脚本，剪辑师可根据素材及项目类型自由发挥，将这些素材组合成一个大框架。不论哪种情况，作品的最长的、最粗糙的剪辑版应该在这个阶段初具规模了。

因为我们的任务是有脚本的，所以在剪辑时也会根据脚本的镜头顺序来顺片。找到对应的第1个镜头拖到时间线轨道上，即生成一个序列。也可按导演要求的格式新建序列。

建好序列后可在项目面板中找到该序列，然后更改名称。

按脚本中的镜头顺序，将对应视频依次拖到时间线轨道上，按顺序放置好，不要有重叠，如图6-85所示，顺片就完成了。由于没有对应的配音，所以先不用考虑声音文件。

图6-85　顺片

四、粗剪

在这个阶段中，作品内容大体成型，细节之处有待完善。也许并不是每个剪切的时机都很完美，也没有最终的字幕或者图像、特效等，但已有了主要的时间节奏。

在这一环节中可使用时间线左方工具面板中的"剃刀"工具（快捷键C），如图6-86所示，将视频剪开并删掉多余部分，完成后可再恢复选择工具（快捷键V）。

图 6-86 "剃刀"工具

五、精剪

在粗剪的基础上，继续进行精细化的修剪。如经过导演同意后，不需要再进行微调，这一步就完成了。

六、图像锁定

当剪辑作品不再需要更改时，可锁定图像（包括镜头、字幕、转场、特效等），然后加上声音，作品就基本完成了。

通过时间轨道左端的"切换轨道锁定"功能，可按轨道进行图像锁定。

七、输出文件

按照导演要求的文件格式输出文件，并提交给相关人员。

单击菜单栏中的"文件"按钮，再依次单击"导出"→"媒体"按钮，弹出"导出设置"对话框，选择所需格式，然后单击"导出"按钮，如图6-87所示，完成文件输出。

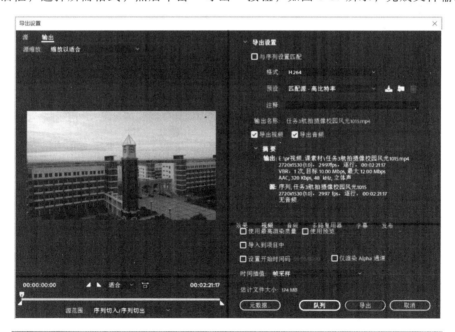

图 6-87 输出文件

任务评价

将学生完成任务的情况及评分填入表 6-5 中。

表 6-5　航拍视频素材后期处理评价表

序号	内容	要求	分值	评价			得分
				学生自评	学生互评	教师评价	
1	职业素养	文明礼仪	5				
2		安全纪律	10				
3		行为习惯	5				
4		工作态度	5				
5		团队合作	5				
6	前期准备	整理素材	10				
7	软件使用	新建和保存项目、序列	10				
8		掌握剪辑流程	20				
9		视频具有观赏性	30				
综合评价							

任务拓展

使用 Pr 软件对所获得的素材进行重新剪辑，生成不同风格的作品。

知识链接

剪 辑 理 论

剪辑是对拍摄中所获取的影像和声音素材进行整理、回看、筛选和顺片的过程，最终获得一个连贯、自然而又充满意义的故事或者展示一种视觉呈现。

（1）影响剪辑的因素　把从一个镜头到另一个镜头的转换位置称为剪辑点，即一个镜头的结束到另一个镜头的开始处，而这些镜头之间的转换又取决于多种因素。

1）影片类型。影响剪辑的第一个因素就是所剪辑作品的类型，例如是纪录片、新闻还是电视广告等。同样的素材用在新闻节目和电视广告中，会采用不一样的风格，给观众不一样的感受，新闻节目较正式、严肃，电视广告可能会偏活泼、欢快。

2）素材质量。素材是剪辑的基础，如果提供给剪辑师的素材出现对焦不准、过曝或欠曝等质量问题，作为剪辑师也无法剪出高质量的成片。

3）剪辑师的主观因素及导演要求。好的剪辑师可以将新的生命注入老套、乏味或无聊的素材中。但是，剪辑师也要按照导演的要求剪辑成片。

（2）镜头成败的关键　作为剪辑师，拿到素材以后首先要查看所有片段，然后从中挑出最好的镜头，在挑选镜头时要兼顾技术质量和美学质量。

小提示

剪辑师一定要根据正在剪辑的项目类型及项目的最终目标做出自己的判断。

以下列出了一些镜头成败的关键，剪辑时可以注意这些潜在的问题。

1）焦点。剪辑师可能遇到的主要问题之一就是对焦不准，而这个问题在后期制作中无法补救。人类的视觉系统总是以锐聚焦看清事物，如果镜头一直对焦不准，会使观者无法集中精神看完成片，因此剪辑师不要轻易选用这类镜头。

2）曝光和色温。如果一个镜头的其他方面都很好，但是存在曝光问题或者色温变化（图像看起来蓝色过多或橙色过多等），作为剪辑师，需要去修正曝光以及校色，这无疑会加大工作量。

3）取景和构图。镜头的取景介于技术问题和美学问题之间。如录制工具和最终交付的作品的画面尺寸不一致，就是技术问题。作为剪辑师，需要截取画面，但要保持良好的构图。

在衡量镜头中视觉元素的构图时，还应注意人物是否有恰当的天头留白，是否有合适的视线空间，水平线是否与画面的顶边和底边平行（是否应该平行?），垂直的摄影角度是否过高或过低，水平的摄影角度是否过于主观或者过于客观，镜头是否与正在剪辑的项目类型相符，上述都是一些美学问题，而且很难进行修正，可将有问题的镜头放在次要位置，改用其他更好的镜头。

4）180°规则/轴线运动。180°规则由拍摄一个场景动作的第一个摄影机确定，此镜头通常是一个展示演员和环境的远景。假想一条沿着演员的视线方向、穿过场景或地点的线，定义画面的左侧和右侧，接下来拍摄场景中演员的每个中景或者特写镜头都必须在这条线的同一侧。一旦跨过这条线拍摄，就会打乱演员在银幕中的空间位置，如图6-88所示。

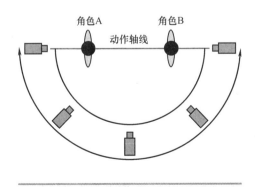

图6-88　180°规则

5）30°规则。30°规则要求摄影师沿着180°的弧度将摄影机移动至少30°，然后重新设置机位，如图6-89所示。如果两个相邻机位的角度不足30°，并且将这两个镜头剪辑到了一起，会因为这两个镜头太过相似，导致观众思维产生跳跃，这就是跳切。

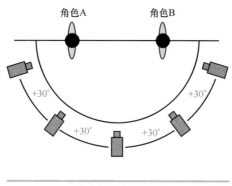

图6-89　30°规则

（3）剪辑的时机与原因　剪辑不仅仅是将许多镜头逐个地进行排列组合，它更需要创造性地排列各种影像和声音元素，以达到向观者传递信息、吸引和启迪观者的效果。因此，要注重观者的观看感受。不同的剪辑工作需要不同的剪辑技巧，但大多数剪辑类型还是存在一些共同点的。

作为剪辑师，要思考切换镜头的原因，这就涉及剪辑六要素。

1）信息。新的镜头应该呈现给观者新的信息。一个优秀的剪辑师会思考：接下来观者希望看到什么？接下来观者应该看到什么？接下来观者不能看到什么？接下来我希望观者看到什么？剪辑师承担的诸多任务之一就是调动观者的情绪和思维。

所以，新的信息是所有剪辑的基础。

2）动机。剪切的新镜头应为观者提供新的信息，那切出的镜头呢？或者说为什么要切出那个镜头？何时是切出那个镜头的最佳时机？从一个镜头转换到另一个镜头总会有动机，而这种动机可以是视觉动机，也可以是听觉动机。

3）镜头构图。尽管剪辑师无法控制镜头中视觉元素的构图，但却能够选择将哪两个镜头放在一起。例如剪辑一个双人对话的场景，作为剪辑师，你可能无法亲自去安排他们的中特写镜头，但你可以使用人物在画面左右交替出现的方式来吸引观众，这样从一个中特写镜头切入另一个中特写镜头，就使观众经历了一次视线匹配或视线追踪。

4）摄影机角度。注意不要打破180°规则和30°规则。

5）连贯。在剪辑过程中有四种不同形式的连贯，需要剪辑师注意，分别是内容的连贯、动作的连贯、位置的连贯和声音的连贯。剪辑师有责任将镜头组合得尽善尽美，拍摄团队没有处理好的转场连贯性，剪辑师应该尽量去弥补。

6）声音。在剪辑时声音和画面的匹配并不是唯一的。声音先于画面或者画面先于声音的剪辑被称为拆分剪辑，画面和声音在同一时间点开始和结束被称为对接剪辑。在使用拆分剪辑时要谨慎，如果处理不当会极大地影响观看效果。

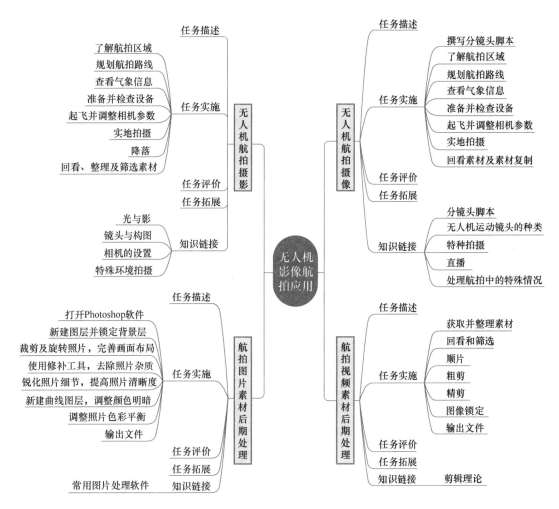

项目总结思维导图

思考与练习

一、选择题

1. 曝光三要素是指（　　）。

A. 光圈、快门、测光

B. 白平衡、光圈、快门

C. 光圈、感光度、白平衡

D. 光圈、感光度、快门

2. 关于光圈的描述，正确的是（　　）。

A. 光圈 f 数值越大，进光量越多

B. 光圈 f 数值越小，进光量越多

C. 光圈 f 数值越小，画面越暗

D. 光圈 f 数值越大，主体前后越模糊

3. 关于快门的描述，不正确的是（　　　）。

A. 用于控制曝光时间的长短　　　　　　B. 可用于控制进光量

C. 是衡量胶片感光速度的参数　　　　　D. 可用数字表示快门的快慢

4. 以下关于色温的描述，不正确的是（　　　）。

A. 用开尔文（K）作为衡量单位

B. 同一物体在不同色温下，拍摄出来的颜色一样

C. 表示光源光谱质量的指标

D. 按绝对黑体来定义的

5. 进行夜景拍摄时，发现移动设备画面频闪时应（　　　）。

A. 缩小光圈　　　　　　　　　　　　　B. 提高 ISO

C. 调整白平衡　　　　　　　　　　　　D. 调整快门速度

6. 色彩三要素包括（　　　）。

A. 色相、色温、明度　　　　　　　　　B. 色相、饱和度、明度

C. 色相、色温、饱和度　　　　　　　　D. 饱和度、色温、明度

7. 以下关于逆光的曝光方法，不正确的是（　　　）。

A. 对主体正常曝光，容忍背景曝光过度　B. 对背景正常曝光，容忍主体曝光不足

C. 可以忽略主体的局部细节　　　　　　D. 一定要表现主体的细节层次

8. 关于前景的描述，不正确的是（　　　）。

A. 位于拍摄主体之前的元素叫前景　　　B. 可增加画面的层次

C. 减少画面的信息量　　　　　　　　　D. 可用于遮挡无用空间

9. 在相同的光圈与快门条件下，（　　　）。

A. ISO 值越大，画面越亮，噪点越明显　B. ISO 值越小，画面越亮，画质越细腻

C. ISO 值越大，画面越暗，画质越细腻　D. ISO 值越小，画面越暗，噪点越明显

10. 要保证延时航拍画面的稳定，以下说法错误的是（　　　）。

A. 要使用自动档来实时调整曝光参数，以保证曝光准确

B. 要使用手动档来固定曝光参数

C. 对于自动对焦镜头而言，要锁定对焦点

D. 要尽量避免画面晃动

二、判断题

1. 光圈大小可以影响景深。　　　　　　　　　　　　　　　　　　　　　（　　　）

2. 风光摄影中，色彩的强弱会受风速大小的影响。　　　　　　　　　　　（　　　）

3. 顺光是指光线方向与拍摄方向相同。　　　　　　　　　　　　　　　　（　　　）

4. 快门设置的变化不影响航拍无人机相机的曝光时间。　　　　　　　　　（　　　）

5. 航拍中，大多是采用人工光源来拍摄的。　　　　　　　　　　　　　　（　　　）

6. 饱和度指色彩的明暗和深浅程度。　　　　　　　　　　　　　　　　　（　　　）

7. 在拍摄时，前景如果放置不好，可能会分散观者的注意力。　　　　　　（　　　）

8. 无人机航拍画面服务于整部作品，航拍镜头并不是越多越好，而是在必要的时候加入航拍。　　　　　　　　　　　　　　　　　　　　　　　　　　　　　　（　　　）

9. 拍摄环绕镜头时要根据目标和场景选择合适的高度与环绕半径。　　（　　　）

10. 新的信息是所有剪辑的基础。　　（　　　）

三、简答题

1. 光线有哪些种类？

2. 简述航拍流程。

3. 无人机航拍时无人机操控人员和云台操作人员各有哪些职责？

4. 剪辑视频主要有哪些流程？

5. 180°规则是指什么？

附录

附录 A 无人机专业词汇

1）AOPA：中国航空器拥有者及驾驶员协会（AOPA-China），中国民用航空局将无人机驾驶人员的资质管理权授予了中国 AOPA，时间是 2015 年 4 月 30—2018 年 4 月 30 日，管理范围为视距内运行的空机重量大于 7kg 以及在隔离空域超视距运行的无人机驾驶员的资质管理。

2）API：应用程序编程接口（Application Programming Interface），无须更改飞控的源码就可以实现附加功能，这样可以保证飞控的稳定性。

3）AR：增强现实（Augmented Reality），把虚拟信息与现实画面叠加。

4）BDS：北斗卫星导航系统。

5）BVLOS：超越视线。无人机操控人员无法以独立的视力（双筒望远镜、照相机等）看到无人机的任何飞行，包括无人机操控人员无法分辨无人机朝向哪个方向。

6）CE：一种安全认证标志。概括地说，无人机说明书上的 FCC 和 CE 分别代表无线电的功率等符合的是美国标准还是欧洲标准。

7）CEP：圆概率误差（Circular Error Probable），定位结果的 50% 在此半径的圆内。

8）DGPS：差分全球定位系统（Differential Global Positioning System），与基准站比较，可提高无人机的定位精度，不仅包含 RTK，还包含 RTD。

9）FCC：美国联邦通信委员会（Federal Communications Commission）。

10）FPV：第一人称主视角（First Person View），用于把无人机机载摄像头的画面实时传输回来。

11）GCS：地面控制站。GCS 通常是无人机操控人员用来控制或向无人机发出命令的界面。

12）GLONASS：格洛纳斯（Global'naya Navigatsionnaya Sputnikovaya Sistema），俄罗斯的全球导航卫星系统。

13）GNSS：全球导航卫星系统（Global Navigation Satellite System），GPS、GLONASS、BDS 还有伽利略，统称为 GNSS。

14）GPS：全球定位系统（Global Positioning System），美国的卫星导航定位系统，现在绝大部分的手机导航、车载导航、无人机使用此系统。

15）GSD：地面采样距离。GSD 是在被检查物体（大多数情况下是地面）上测量的图像中像素之间的距离。

16）IMU：惯性测量单元（Inertial Measurement Unit），有三轴陀螺仪和三轴加速度计，可以推算出无人机的姿态。

17）IOC：控制反转。

18）KV 值：电动机在空载情况下，电压每提高 1V，空载转速提高的幅度。

19）LiDAR：激光雷达（Light Detection and Ranging），做三维航测用的装备，精度高但是价格非常昂贵。

20）MEMS：微机电系统（Micro-Electro-Mechanical System），手机中能装下那么多传感器就是 MEMS 技术的功劳。

21）PID：比例（Proportion）、积分（Integral）、微分（Derivative）控制。

22）PMU：是一种解决便携设备电源管理的方案，本质是通过测试电池的电压来确定电源剩余电量。

23）POS：定位定向系统（Position and Orientation System），内有 IMU 和 DGPS，可以生成实时的导航数据，为航测（航空摄影测量）做数据支撑。

24）RC：无线电遥控（Radio Control）。

25）RSSI：接收信号强度指示器（Received Signal Strength Indicator），用于确定信号运行状况。

26）RTD：实时伪距差分（Real-time kinematic pesudorange Difference），比 RTK 低档的差分技术，比较的是 GPS 设备与卫星间的距离，精度为亚米级，即误差不到 1m。

27）RTK：载波相位差分（Real-time kinematic），通过比较建立在已知点的基准站所接收的 GPS 载波来剔除无人机上 GPS 定位的误差，可以把精度提高到厘米级。

28）RTK 定位系统：实时运动定位系统，使用参考站来实时提高定位精度。

29）SAR：合成孔径雷达（Synthetic Aperture Radar）。

30）UAV：无人驾驶飞机（Unmanned Aerial Vehicle），简称无人机。

31）VR：虚拟现实（Virtual Reality），沉浸于虚拟的立体世界，与 FPV 结合，会有种身临其境的感觉。

32）安全返航：无人机安全终止任务并返回地面的方法。

33）半自动飞行：在飞行中，无人机操控人员必须提供一些输入以完成操作。

34）边栏：数据集在相邻飞行线的每一侧具有的重叠量。

35）垂直起降：代表垂直起飞和着陆，这意味着无人机可以在不需要发射系统的情况下起飞。

36）蹿高：指在 GPS 模式下悬停时，无人机突然极速升高。

37）电动脚架：可以操控的无人机脚架。

38）电调：控制电动机转速的调速器。

39）掉高：指无人机高度的突然减小。

40）定高：固定高度，无人机会左右前后飘。

41）丢星：指 GPS 失去信号，在 GPS 模式下无人机会失控，这时的无人机有随时发生"炸机"事故的危险。

42）舵机：是遥控模型控制动作的执行机构。

43）发射：使无人机从地面飞向空中的方法。

44）发射机：用于将命令传输给无人机。

45）返航点：是指一发失效后，用剩余油量返回距出发地距离最远的检查点。

46）范围：无人机在一次任务中可以飞行的线性距离。

47）方向舵：管理方向的螺距舵。

48）防撞：能够看到、感知或检测空中交通或其他危险并采取行动以防止碰撞的能力。

49）放电：电池或畜电器释放电能。

50）飞行时间：无人机飞行的时间。在无人机规格中通常指最长飞行时间。在计划任务时，指完成任务所需的时间。

51）飞控：飞行控制系统。

52）覆盖区域：无人机在飞行过程中可以覆盖的面积。对于许多无人机，覆盖区域会根据有效负载的配置情况而改变。

53）高清图传：数字化的图像信号经信源编码和信道编码，通过数字信道（电缆、微波、卫星和光纤等）传输，或通过数字存储、记录装置存储的过程。数字信号在传输中的最大特点是可以多次再生恢复而不降低质量，还具有易于处理、调度灵活、质量高、可靠性好、维护方便等优于模拟传输的特点。

54）光学分辨率：光学传感器提供的分辨率。

55）果冻：无人机在航拍时，机身和云台的抖动导致的视频画面卡顿，像果冻一样振动。

56）过充电：正常充电完毕后，继续高电压充电，使正极残余的锂离子继续向负极转移，但负极无法嵌入更多锂离子，使锂离子在负极表面以金属锂析出，造成枝晶等现象，会出现隔离膜破损、电池短路、电解液泄漏燃烧等危险。

57）过放电：电池正常放电至截止电压后，继续放电。由于负极中需要保持一定的锂离子才能保持结构的稳定，过放电使更多的锂离子迁出，破坏了负极的稳定结构，造成负极不可逆的损坏。

58）航点：在飞行计划期间将特定位置编程到 GPS 中，以使无人机能够自行跟踪航路点，从而实现自主飞行。

59）回中：遥控杆回中。

60）机架：无人机的承载平台，所有设备都是用机架承载的。

61）机头锁定：方向锁定。

62）基本感度：无人机抵御其他因素干扰，保持悬停的反应的快慢。

63）激光雷达：光检测和测距。雷达有效载荷使用光（通常使用脉冲激光）来测量到地球的距离。雷达有效载荷通常使用非常快速脉冲的激光阵列来收集大量数据点。这些数据点将与为雷达系统的位置而收集的数据一起被处理，以构建 3D 模型。

64）加速度计：一种用于感测和测量 3 维加速度的装置，主要用于帮助稳定无人机。加速度计通常是内置在飞行计算机中的。

65）接收机：用于接收控制设备信号。

66）禁飞区：我国政府限制飞行无人机的地方，不允许任何无人机飞行。

67）空中停车：一般是指无人机在空中飞行时，电动机停止转动。

68）锂电：锂聚合物电池。与类似尺寸的锂离子电池相比，这类电池通常可以快速提供大量电能，但以牺牲效率为代价。这类电池的寿命通常比锂离子电池短，适用于高功率活动或对效率要求不高的系统。

69）锂离子：锂离子电池。一种电池，通常提供比 LiPo 更高的效率，但以给定时间可用的电量更少为代价。这类电池在低功耗时非常有用，而效率至关重要。这类电池比其他电池更易燃，因此最好为其配备保护电路，以保护它们免受危险情况的影响。

70）螺距：桨叶在均匀介质中旋转一周螺旋桨所前进的距离。

71）螺旋桨：指靠桨叶在空气中旋转，将发动机的转动功率转化为推进力的装置。

72）模拟图传：模拟图像传送，是指对时间（包括空间）和幅度连续变化的模拟图像信号做信源和信道处理，通过模拟信道传输或通过模拟记录装置实现存储的过程。一般用扫描拾取图像信息和压缩频带等信源处理方法得到图像基带信号，再用预均衡、调制等信道处理方法形成图像通带信号。

73）蘑菇头：图传设备的天线。

74）平衡充：平衡充电，是所有锂电池组所需要的充电方式，但是很多小功率的应用中实际是没有平衡充电的，如大多数的笔记本式计算机电池组，因为实际上对电池寿命的影响是相当大的。

75）热分辨率：由热传感器提供的分辨率。

76）三叶草：图传设备的天线。

77）三轴云台：用在相机三脚架上，可以活动。三轴就是 X、Y、Z 这三个轴，云台可围绕这三个轴转动。

78）上升气流：某地地面空气向上流动，这个地方就是上升气流。

79）射桨：在无人机起飞前，由于螺旋桨的安装不正确，或者是螺旋桨的设计有问题，导致螺旋桨损坏或脱离电动机。

80）升降舵：上升下降的是螺距舵。

81）失控返航：无人机失去控制自动返航。

82）视线：无人机操控人员可以在无眼镜的情况下看到无人机并知道其方向的任何飞行。

83）刷锅：环绕一个中心点做环绕飞行。

84）四面悬停：对尾、对左、对右、对头四面定点悬停。

85）伺服：旋转或线性制动器，可精确控制角度或线性位置。在无人机中通常使用伺服器来调节控制面（气动无人机使用节气门）。

86）通道：表示信号模式，一个通道对应一个信号，这个信号可以让无人机做出相应的动作，如遥控器只能控制四轴上、下飞，那就是一个通道。以最常见的四轴无人机为例，四轴在控制过程中需要控制的动作路数有上下、左右、前后、旋转，所以最好用四通道以上遥控器。

87）陀螺仪：一种在飞行过程中协助无人机维持参考方向的装置。

88）兴趣点环绕：设定一点，无人机按设定的高度、速度进行环绕。

89）修舵：调整舵机方位。

90）巡航速度：无人机在飞行巡航阶段的行驶速度。

91）遥测设备：可以监控无人机的状态和健康状况。

92）遥控器：用于遥控无人机。

93）翼展：无人机完全组装并准备飞行时，机翼的翼尖到翼尖的距离。

94）油门：控制无人机的升降或速度。

95）有效载荷：要添加到无人机上的所有选项，用于以特定方式收集数据。例如，相机可以提供光学数据，而热像仪可以提供热数据。

96）云台：安装在三脚架上方，用来连接三脚架和相机的中间构件，用得比较多的是球形云台和三维云台。球形云台灵活性更好，体积也小，精度要求不是特别高时可以考虑。三轴云台可以在单一维度方向做转动，适合于精度要求高的场合，但使用时相对麻烦，并且其体积大，便携性差。云台是与有效载荷一起使用的附件，用于稳定摄像机和传感器，以检索更好的数据，或在操作过程中将有效载荷指向不同的方向。

97）折叠桨：可以折叠的螺旋桨。

98）飞控：飞控芯片是主板或者硬盘的核心组成部分，是联系各个设备之间的桥梁，也是控制设备的大脑。

99）姿态感度：遥控打舵时无人机反应的快慢。

100）自动找平：使无人机能够自动匀速飞行。

101）自主飞行：无须人工干预即可完成系统运行的飞行。

102）最大风：无人机应使用的最大风速，适用于阵风或持续风，通常由制造商指定。

103）最大起飞重量：无人机可以安全起飞并完成任务的最大重量。

附录 B　无人机常用技术术语

1. 多旋翼无人机常用技术术语

多旋翼无人机一般由机架、动力装置和飞控等组成。

1）机架：也称为机体，主要由机臂、中心板和脚架等组成。四旋翼无人机的主体结构中，机身和起落装置一般合为一体。机架的主要功能是承载其他构件。

2）多旋翼、多轴：多旋翼无人机也称多轴无人机，主要包括三轴、四轴、六轴、八轴、十六轴等。

3）布局：多旋翼无人机主要有 X 形、H 形、十字形、Y 形等布局。

4）分电板：无人机的电力分配板。

5）动力装置：多旋翼无人机的动力装置通常采用电动系统，主要由电源、电动机、电子调速器和螺旋桨四个部分组成。

6）飞控：包括飞行控制系统和传感器，主要功能是计算并调整无人机的飞行姿态，控制无人机自主或半自主飞行。

7）遥控系统：包括地面站系统或遥控接收机和发射机。

8）图传：指实时无线图像传输，由发射器、接收器、显示器组成，常用通信频率为 2.4GHz、5.8GHz。

9）数传：无人机数据链路，由地面向天空端发送控制信号，地面实时接收无人机飞控系统、故障、GPS、电量、飞行姿态、航线等飞行数据。

10）解锁：准备飞行前的安全开关操作。

11）上锁：结束无人机飞行后的安全开关操作。

12）调参：飞控系统调试软件，用于进行飞行参数设定和积分飞行校准。

13）自稳云台：常分为两轴云台和三轴云台，是保证摄像设备姿态稳定的专用设备。

14）任务设备：主要有 GPS 导航仪、照相机、摄像机、黑匣子和防撞安全防护系统等。

2. 固定翼无人机常用技术术语

固定翼无人机技术术语示例如图 B-1 所示。

（1）机翼翼展　指机翼左、右翼梢之间的最大横向距离，单位一般为 mm。

（2）机翼翼弦　指机翼前、后缘间的直线距离。

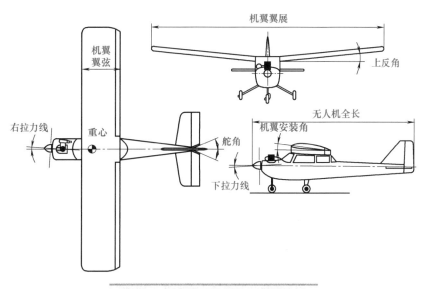

图 B-1　固定翼无人机技术术语示例

（3）机翼面积　矩形机翼的机翼面积为机翼翼展乘以机翼翼弦；梯形和椭圆形机翼的机翼面积以机翼翼展和平均几何弦长的乘积来计算，单位一般为 dm^2。

（4）展弦比　机翼翼展和平均几何弦长之比，等于机翼翼展的二次方除以机翼面积。无人机滑翔机一般采用大展弦比；竞速、特技无人机多采用小展弦比。

（5）无人机全重　装有发动机、遥控设备等装置的无人机的全部重量（不包括燃料）。

（6）翼载荷　无人机全重除以机翼面积所得的机翼单位面积承载量，单位一般为 g/dm^2。

（7）无人机全长　指机身前、后两端（包括凸出物）的最长距离，单位一般为 mm。

（8）尾力臂　无人机的重心到水平尾翼空气动力中心（距水平尾翼前缘约 1/4 处）的距离。

（9）重心　无人机全部重量的中心。一般常规布局无人机重心位于机翼前缘后平均气动翼弦的 1/4~1/3 处，即 25%~30% 处［多数传统翼型无人机的空气动力中心位于（0.23~0.24）弦长处，层流翼型的空气动力中心在（0.26~0.27）弦长处］。

（10）上反角　机翼左、右两端向上翘的角度。为获得更好的横侧安定性，上反角较大，多为 3°~6°。无人机大都采用一折上反角，如为有利盘旋飞行，可采用多折上反角。大角度的后掠角无人机（如米格-15）为保证操纵性，必要时采用下反角。

（11）机翼安装角　机翼翼弦与机身中心线的夹角，一般无人机为 0°~1°，滑翔机为 3°~5°。

（12）右拉角　右旋螺旋桨会产生使机头向左的反作用力，同时螺旋桨所产生的螺旋滑流作用到尾翼，也会使无人机向左偏航，为克服这些力产生向左的力矩，在安装发动机时需要将其向右倾斜 1°~3°。

（13）下拉角　上单翼无人机飞行中机翼所产生的升力和阻力会使无人机围绕重心产生抬头力矩，为抵消这个力矩，保证发动机的拉力在变大或变小时无人机都处于相对平稳的飞行姿态，安装发动机时要有适当的下拉角，以使发动机的拉力产生向下的分力，减小在发动机功率增大和速度增加时所产生的不必要的抬头力矩。上单翼无人机的下拉角一般为 3°~5°；中、下单翼无人机的下拉角为 0°~1°。

（14）发动机气缸工作容积　活塞顶端面积与活塞行程的乘积，一般以 cm^3（mL）为单位，英制以 in^3 为单位。如通常说的 20 级发动机，指的是气缸工作容积为 $0.20in^3$。$1in^3 = 16.387cm^3 = 16.387mL$，由此可知，20 级发动机的气缸工作容积为 $0.2 \times 16.387cm^3 = 3.2774cm^3$。15~25 级发动机一般用于小型无人机，30~46 级发动机多用于中型无人机，60~120 级发动机一般用于大型无人机。

（15）电动机　目前无人机广泛使用效率高的外转子无刷电动机作为动力装置。无刷电动机的主要技术数据包括工作电压、kV 值、工作电流、效率、配桨拉力等。因无刷电动机配有相应的电子调速器，故通过遥控设备可控制其转速。无刷电动机一般使用锂聚合物电池作为电源。电动机功率与无人机重量的比值，可作为适用不同无人机的参考：140~180W/kg，适用于练习机；180~220W/kg，适用于小型无人机；220~300W/kg，适用于中型无人机；300~400W/kg 以上，适用于大型无人机。

（16）螺旋桨的螺距　螺距也称桨距即螺旋桨旋转一周前进的距离，如图 B-2 所示。螺距与飞行速度和拉力大小有很大关系，飞行速度快的无人机，一般采用小直径、大螺距螺旋桨。

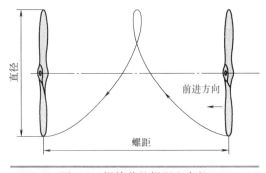

图 B-2　螺旋桨的螺距和直径

（17）螺旋桨的直径　螺旋桨直径的大小和工作时的转速，应与发动机最大功率时的转速相匹配，才能使动力发挥最大效率。小型无人机采用小直径、大螺距的螺旋桨；大载重无人机的螺旋桨在发动机功率范围内应尽量增大直径，即增加其旋转桨盘面积，才能在一定的转矩中获得更大的拉力。

参 考 文 献

［1］ 全国自然资源与国土空间规划标准化技术委员会. 地质矿产勘查测量规范：GB/T 18341—2021 ［S］.
北京：中国标准出版社，2021.

［2］ 全国地理信息标准化技术委员会. 1∶500 1∶1000 1∶2000 地形图航空摄影测量数字化测图规范：
GB/T 15967—2008 ［S］. 北京：中国标准出版社，2008.

［3］ 中华人民共和国自然资源部. 低空数字航空摄影规范：CH/T 3005—2021 ［S］. 北京：中国测绘出版
社，2021.

［4］ 中国电力企业联合会. 架空输电线路巡检系统：DL/T 1006—2006 ［S］. 北京：中国电力出版
社，2007.

［5］ 中国电力工程顾问集团有限公司，中国能源建设集团规划设计有限公司. 电力工程设计手册 架空
输电线路设计 ［M］. 北京：中国电力出版社，2019.

［6］ 石磊，夏季风. 无人机地面站与任务规划 ［M］. 西安：西北工业大学出版社，2021.

［7］ 汤普森，鲍恩. 镜头的语法：插图修订第 2 版 ［M］. 李蕊，译. 北京：北京联合出版公司，2017.

［8］ 石磊，郭冬梅，孙昌江. 带你爱上摄影 ［M］. 大连：东软电子出版社，2018.

［9］ 大疆传媒. 无人机商业航拍教程 ［M］. 北京：北京科学技术出版社，2020.

［10］ 朱松华，赵高翔. 无人机飞行航拍与后期完全教程 ［M］. 北京：人民邮电出版社，2021.